Eckhard Grimmel

Kreisläufe der Erde

Geosystemanalysen

herausgegeben von

Prof. Dr. Eckhard Grimmel

(Universität Hamburg)

Band 1

LIT

Eckhard Grimmel

Kreisläufe der Erde

Eine Einführung in die Geographie

LIT

Abbildungen: Claus Carstens (CC), Peter Uwe Thomsen (PUT)

Textverarbeitung und DTP: Claus Carstens, Gisela Gajek

Bibliografische Information Der Deutschen Bibliothek
Die Deutsche Bibliothek verzeichnet diese Publikation in der Deutschen
Nationalbibliografie; detaillierte bibliografische Daten sind im Internet
über http://dnb.ddb.de abrufbar.

2. Auflage 2005

ISBN 3-8258-8212-8

© LIT VERLAG Münster   2005
Grevener Str./Fresnostr. 2   48159 Münster
Tel. 0251–620320   Fax 0251–231972
e-Mail: lit@lit-verlag.de   http://www.lit-verlag.de

Inhalt

Vorwort

*„Nach ewigen, ehrnen
großen Gesetzen
müssen wir alle
unseres Daseins
Kreise vollenden."*

JOHANN WOLFGANG GOETHE
(1749 – 1832)

Im Zeitalter der weit fortgeschrittenen Spezialisierung der Wissenschaften ist es nötig, die zahlreichen von den Spezialisten gelieferten Bausteine des Wissens kritisch zu bewerten und zu einem einfachen konzentrierten wissenschaftlichen Gesamtmosaik zusammenzufügen. Diese Aufgabe hat die *Geographie*. Denn sie ist eine fächerübergreifende Generalwissenschaft, welche die Erde, das *Geosystem*, unter dem Aspekt der Wechselwirkungen zwischen den *Geosphären* (Kosmosphäre, Atmosphäre, Hydrosphäre, Lithosphäre, Biosphäre, Pedosphäre, Anthroposphäre) „geosystematisch" betrachtet und auf dieser Grundlage Vorschläge für eine systemerhaltende Nutzung der Erde durch die Menschen erarbeitet.

Diese Aufgabe ist eigentlich gar nicht lösbar. Denn jeden Tag erscheinen etwa 30.000 neue wissenschaftliche Aufsätze. Das Wissen der Menschheit soll sich angeblich alle 5 – 7 Jahre verdoppeln. In den letzten 2 Jahren waren genauso viele Wissenschaftler am Werk wie in 2000 Jahren davor.

Allerdings sollte man nicht vergessen, dass bei der heutigen hektischen Aktivität sicherlich nicht weniger „Spreu" als „Weizen" produziert wird. Doch ist es oft nicht leicht zu unterscheiden, was Weizen und was Spreu ist. In anerkannten Lehrbüchern wird oft der falsche Eindruck erweckt, als sei alles Wesentliche bereits bekannt. Tatsache ist jedoch, dass in solchen Büchern meistens nur die herrschenden Lehrmeinungen unserer Zeit serviert werden, aber andere – oft sogar besser begründete – Meinungen verschwiegen werden.

Herrschende Lehrmeinungen sind immer Mehrheitsmeinungen, welche abweichende Minderheitsmeinungen unterdrücken. Doch verständlicherweise kann man über wissenschaftliche Wahrheiten nicht abstimmen und mehrheitlich über Wahrheit oder Unwahrheit entscheiden.

Die Forschungsgeschichte lehrt an zahlreichen Beispielen, dass oft ein Einzelner Recht hatte, aber kein Recht bekam, weil ihm seine Zeitgenossen sein Recht verweigerten. Warum eigentlich?

Unter den Wissenschaftlern gibt es nicht wenige „nützliche Zwerge" (LENIN), die gut bezahlte Gefälligkeitsforschung für wirtschaftliche oder politische Zwecke betreiben, ohne sich am wissenschaftlichen Maßstab der Wahrheit zu orientieren.

Unter den Wissenschaftlern gibt es – nicht anders als in anderen sozialen Gruppen auch – zahlreiche Opportunisten. Das sind Leute, die sich einer wie auch immer zustande gekommenen Mehrheitsmeinung anpassen, weil sie nicht als „Dissidenten" auffallen wollen, insbesondere um nicht ihre Karriere zu gefährden.

Weiterhin gibt es solche Wissenschaftler, die aus Angst vor Prestigeverlust niemals ihre einmal veröffentlichte Auffassung korrigieren; auch dann nicht, wenn sich herausgestellt hat, dass ihre Auffassung nicht mehr haltbar ist. Lieber diskreditieren und diffamieren sie progressive Kollegen, als dass sie zugeben, sich geirrt zu haben.

In Anbetracht nicht weniger solcher Kollegen meinte der große Physiker Max Planck (1858-1947) einmal verbittert, dass nicht nur die alten Professoren, sondern auch ihre Schüler erst ausgestorben sein müssten, bevor der Weg für neue Erkenntnisse frei sei.

Trotz dieser Schwierigkeiten bei der Auswertung der wissenschaftlich genannten Literatur will ich versuchen, die Wahrheit so weit wie möglich herauszufinden und die Funktionsprinzipien der Natur ganzheitlich darstellen, um daraus Konsequenzen für ein sinnvolles und zweckmäßiges Verhalten der Menschen abzuleiten. Denn diese Prinzipien verdeutlichen uns, wie die Natur arbeitet und seit Urzeiten gearbeitet hat, um die Erde und das Leben der Erde zu entwickeln und zu erhalten. Erst wenn wir diese Gesetzmäßigkeiten begriffen und verinnerlicht haben, können wir beurteilen, welche zeitlos gültigen Gesetze sich die Menschen im eigenen Interesse geben müssen, damit sich ihr Verhalten nicht gegen die Lebensgrundlagen der Erde und somit gegen sie selbst richtet.

Wie lange und wie erfolgreich die Natur vor uns „gewirtschaftet" hat, zeigt am besten der folgende Zeitraffervergleich. Unsere Erde entstand, wie auch immer, vor etwa 4,5 Milliarden Jahren zusammen mit der Sonne und den anderen Planeten durch Zusammenballung kosmischer Stäube oder Gase unbekannter Herkunft. Denken wir uns diese 4,5 Milliarden Jahre Erdgeschichte auf ein Jahr geschrumpft, ergibt sich, dass die Erde zwei bis drei Monate lang „wüst und leer" war, wie es in der Schöpfungsgeschichte der Bibel heißt. Dann entstand, im Laufe des März/April, das erste Leben, und zwar im Wasser. Aber erst im November kamen einige Tiere auf die Idee, an Land zu gehen. Die endgültige Landbesiedlung, zunächst durch Amphibien, dann durch Reptilien, geschah Anfang Dezember. Die ersten Säugetiere entstanden am Ende der ersten Dezemberwoche. Aber die meisten der heute lebenden Arten haben sich erst am Silvestertag gebildet. Menschenähnliche Säugetiere treten erst in der zweiten Hälfte dieses letzten Tages auf. Die Anfänge der Kultur – dokumentiert in schriftlichen Aufzeichnungen aus Indien, China, Mesopotamien und Ägypten – bildeten sich um 23.59 Uhr. Jesus lebte vor zwanzig Sekunden, Karl der Große vor zehn Sekunden, Bismarck vor einer Sekunde.

Wie kommt es, dass die Menschen mit immer schneller werdendem Tempo die Erde ruinieren, in „Erdsekunden" das zerstören, was im „Erdjahr" davor mühsam aufgebaut worden ist? Warum plündern die Menschen ihren Planeten? (GRUHL) Warum haben sie noch immer keine naturgemäßen Sozial- und Wirtschaftsordnungen, welche den Erhalt des Lebens und der Lebensgrundlagen gewährleisten? Sind die Menschen zum Überleben zu dumm?

Wenn dies zutrifft, wird die pessimistische These des österreichischen Verhaltensforschers KONRAD LORENZ aus dem Jahre 1983 schon in diesem Jahrhundert, also in der nächsten Erdsekunde, Wirklichkeit werden:

„Zur Zeit sind die Zukunftsaussichten der Menschheit außerordentlich trübe. Sehr wahrscheinlich wird sie durch Kernwaffen schnell, aber durchaus nicht schmerzlos Selbstmord begehen. Auch wenn das nicht geschieht, droht ihr ein langsamer Tod durch die Vergiftung der Umwelt, in der und von der sie lebt. Selbst wenn sie ihrem blinden und unglaublich dummen Tun rechtzeitig Einhalt gebieten sollte, droht ihr ein allmählicher Abbau all jener Eigenschaften und Leistungen, die ihr Menschentum ausmachen" (LORENZ 1983, S. 11).

Aber dieser pessimistischen These lässt sich auch eine optimistische Antithese gegenüberstellen: Die bisherige katastrophenträchtige Entwicklung wird moralische Kräfte mobilisieren, die den Untergang in der letzten Erdsekunde verhindern und einen Übergang in eine lebensfreundlichere, menschlichere und friedlichere Zukunft ermöglichen werden. Dieses Buch vertritt die Antithese bzw. versucht diese zu vertreten.

1. Die Kosmosphäre

Schon der griechische Philosoph HERAKLIT (540-480 v. Chr.) erkannte, dass der Kosmos ein Organismus ist und deshalb Struktur und Funktion der Teile vom Ganzen her bestimmt werden. Das heißt, wir müssen die Erde als Organ des Kosmos betrachten, wenn wir ihre Struktur und Funktion verstehen wollen.

Trotz faszinierender teleskopischer Ausblicke in die Weiten des Kosmos und raffinierter astrophysikalischer Auswertungen müssen wir zugeben, dass wir vom Kosmos noch längst nicht genug begriffen haben, um mit unseren bisherigen Erkenntnissen zufrieden sein zu können. Die meisten Astrophysiker glauben, dass das Weltall vor etwa 15 Milliarden Jahren durch den „Urknall" entstanden sei und sich seither immer weiter ausdehnt. Aber wie lange noch und bis wohin dehnt sich das Weltall aus? Auf diese Frage haben die Experten keine eindeutige Antwort. Die einen glauben, dass die Expansion des Weltalls bis ins „Unendliche" fortschreitet. Die anderen glauben, dass die Expansion irgendwann zum Stillstand kommt und sich in eine Kontraktion umkehrt, an deren Ende wieder ein Urknall stehen könnte. Selbst wenn wir einen „endlosen" Zyklus von Expansion und Kontraktion annehmen, bleibt die Frage nach dem Anfang der Welt unbeantwortet. Die Grenzen unserer Erkenntnis hat GOETHE im Jahre 1782 in einem Aufsatz mit dem Thema *Die Natur* treffend so beschrieben:

„Natur! Wir sind von ihr umgeben und umschlungen – unvermögend, aus ihr herauszutreten, und unvermögend, tiefer in sie hineinzukommen.

Sie schafft ewig neue Gestalten; was da ist, war noch nie; was war, kommt nicht wieder – alles ist neu und doch immer das alte.

Wir leben mitten in ihr und sind ihr fremde. Sie spricht unaufhörlich mit uns und verrät uns ihr Geheimnis nicht. Wir wirken beständig auf sie und haben doch keine Gewalt über sie.

Sie scheint alles auf Individualität angelegt zu haben und macht sich nichts aus den Individuen. Sie baut immer und zerstört immer, und ihre Werkstätte ist unzugänglich."

Wir merken, dass wir Gefangene unserer eigenen Vorstellungen sind, dass wir Modelle konstruieren, um uns eine Welt begreiflich zu machen, die wir gar nicht begreifen können. Denn unser Gehirn scheitert schon an der scheinbar leichten Aufgabe, einen räumlichen oder zeitlichen Anfang und ein räumliches oder zeitliches Ende der Welt zu erfassen. Offenbar sind wir im wahrsten Sinne des Wortes „beschränkt" – wir leben und denken hinter „Schranken". Dieses Beispiel lässt uns aber auch ahnen, dass es noch mehr unbegreifliche Geheimnisse der Natur gibt, von denen wir hoffen, dass sie unserem Dasein einen Sinn geben, auch wenn wir diesen mit unseren Sinnen und unserem Gehirn nicht begreifen können.

Nirgends erleben wir unsere Schranken so intensiv wie beim Betrachten des nächtlichen Himmels. Wir haben es geschafft, Menschen zum Mond reisen zu lassen. Wir können sogar davon ausgehen, dass Astronauten einmal einen benachbarten Planeten, etwa den Mars, besuchen werden. Aber viel weiter hinaus ins Universum werden wir, einfach aus Zeitgründen, nicht vordringen können.

Denn nach der Sonne folgt der nächste Stern, *Alpha-Centauri*, in einer Entfernung von 40 Billionen Kilometern. Das ist eine Entfernung, die dreihunderttausendmal so groß ist wie die Entfernung Erde-Sonne, und die beträgt im Schnitt schon 150 Millionen Kilometer. Selbst das Licht braucht von Alpha-Centauri bis zu uns mehr als vier Jahre, während das Sonnenlicht uns nach „nur" acht Minuten erreicht. Falls Alpha-Centauri, ebenso wie unsere Sonne, von Planeten umkreist wird, was wir nicht wissen, könnte der eine oder andere von ihnen ebenso belebt sein wie der solare Planet namens Erde.

Auch wenn wir bis heute keine sinnvoll interpretierbaren Funksignale aus dem All empfangen haben, hinter denen menschliche oder menschenähnliche Intelligenz stehen könnte, sollten wir uns nicht einbilden, dass wir die einzigen Lebewesen im All sind. Zumindest ist, in Anbetracht der Existenz von Milliarden von Milchstraßen, die jeweils aus Milliarden von leuchtenden und nichtleuchtenden Himmelskörpern bestehen, die Wahrscheinlichkeit extrem groß, dass es an vielen Stellen im All Leben gibt. Aber es sieht so aus, als wären die planetaren Lebensgemeinschaften des Alls dazu verurteilt, sich nicht gegenseitig wahrnehmen oder gar besuchen zu können. Denn obgleich es zahllose Himmelskörper gibt, ist der Weltraum fast leer. Die Sterne sind Lichtjahre voneinander entfernt, wie das Beispiel unserer Sonne und ihres Nachbarn, des Alpha-Centauri, zeigt.

In einem maßstabsgerechten Modell sähe das etwa so aus: Hätte die Sonne die Größe dieses i-Punktes, wäre der nächste i-Punkt (= Alpha-Centauri) in zehn bis zwanzig Kilometer Entfernung anzusetzen. Die Sterne sind also nur winzig kleine „Leuchten" in der vorherrschend dunklen und kalten Weite des Alls. Licht und Wärme, die elementaren Voraussetzungen für Leben, gibt es also nur in unmittelbarer Nähe dieser einsamen Himmelsleuchten. Andererseits dürfen die Planeten den Sternen auch nicht zu nahe kommen, denn diese setzen so gewaltige Energien frei, dass sie über Milliarden von Lichtjahren hinweg gesehen werden können, zumindest mit unseren modernen astrophysikalischen Instrumenten.

Unser Sonnensystem lehrt uns, dass offenbar eine bestimmte Einstrahlung von der Sonne sowie eine bestimmte Rotationsgeschwindigkeit und eine bestimmte chemische Zusammensetzung der Atmosphäre eines Planeten erforderlich sind, damit Leben auf diesem entstehen und existieren kann.

Der sonnennächste Planet, der *Merkur*, ist durchschnittlich 58 Millionen Kilometer von der Sonne entfernt; das ist ein Drittel der Distanz zwischen Erde und Sonne. Er braucht 59 Tage, bis er sich einmal um seine Achse gedreht hat; ein Merkurtag dauert also 59 Erdtage.

Merkur umkreist die Sonne in 88 Tagen; ein Merkurjahr dauert also nur 88 Erdtage. Die Merkuratmosphäre ist sehr flüchtig und dünn; ihr Druck an der Merkuroberfläche beträgt nur zwei Billionstel des Luftdrucks an der Erdoberfläche. Die Maximaltemperatur auf der Tagseite beträgt + 425° C, die Minimaltemperatur auf der Nachtseite – 170° C.

Der sonnenzweitnächste Planet, die *Venus*, kreist in einer Distanz von 108 Millionen Kilometern um die Sonne. Der Venustag dauert 243 Erdtage; das Venusjahr 225 Erdtage. Da die Rotationsachsen von Venus und Merkur nur 3° bzw. 2° gegen die Umlaufbahnebenen um die Sonne geneigt sind, gibt es auf diesen beiden Planeten praktisch keine Jahreszeiten. Die Venus hat eine Atmosphäre, die zu 96 % aus Kohlenstoffdioxid, zu 3,5 % aus Stickstoff, zu 0,135 % aus Wasser sowie aus Spuren von Schwefeldioxid, Sauerstoff, Helium, Argon und Neon besteht. Der atmosphärische Druck ist neunzigmal so groß wie auf der Erde. Die Dichte der Venusatmosphäre ist so hoch, dass es an der Oberfläche des Planeten kaum Temperaturunterschiede gibt, nicht einmal zwischen Tag- und Nachtseite. Aber die gleichbleibende Temperatur liegt bei + 475° C.

In 150 Millionen Kilometer Sonnenabstand folgt die *Erde*, unser Planet, von den Astronauten aus der Perspektive des Mondes als „blauer Planet",

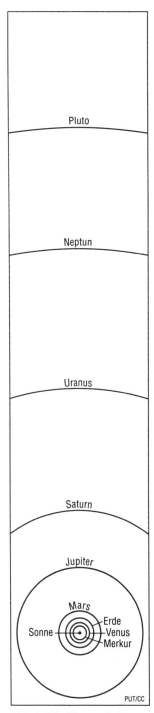

Abb. 1: Die Planetenbahnen
im Sonnensystem (maßstäblich)
Quelle: HERRMANN 2000, S. 54

als „Juwel" im schwarzen All bezeichnet. Von ihm wissen wir verständlicherweise am meisten, aber offenbar nicht genug, um mit ihm verantwortungsbewusst umgehen zu können. Während die Astronauten der sechziger und siebziger Jahre die Erde aus dem All noch als blauen Planeten bewundern konnten und seine im Vergleich zu den anderen Planeten herausragende farbliche Schönheit priesen, stellte der Kommandant der amerikanischen Raumfähre „Challenger" im April 1983 eine zunehmende Verschmutzung der Erdatmosphäre fest. Auf einer Pressekonferenz in Houston/Texas sagte er: „Unsere Welt ist leider auf dem besten Weg, ein grauer Planet zu werden."

Doch bevor wir uns der Erde zuwenden, noch ein kurzer Blick auf jene Planeten, die weiter von der Sonne entfernt sind als die Erde. Es sind dies der *Mars* mit 228, der *Jupiter* mit 778, der *Saturn* mit 1427, der *Uranus* mit 2870, der *Neptun* mit 4496 und schließlich, soweit wir wissen, der erst 1930 entdeckte *Pluto* mit 5946 Millionen Kilometer Distanz von der Sonne (Abb. 1).

Der Mars ist der für uns interessanteste Planet des Sonnensystems; denn er stand bis vor kurzem im Verdacht, Leben zu beherbergen. Der Marstag dauert nur eine halbe Stunde länger als der Erdtag. Seine Rotationsachse ist mit 24° ähnlich gegen seine Umlaufbahnebene um die Sonne geneigt wie die der Erde (23½°). Und das Jahr dauert auf dem Mars auch nicht wesentlich länger als auf der Erde, nämlich etwa 1,9 Erdjahre; denn die Umlaufbahn des Mars ist im Vergleich etwa zu der von Jupiter und Saturn nicht wesentlich länger als die der Erde. Auch die Umlaufgeschwindigkeit des Mars ist mit 24 km/s nur etwas geringer als die der Erde mit 30 km/s.

So ist es verständlich, dass zahlreiche Raumsonden seit den 1960er Jahren zum Mars geschickt wurden, um diesen Planeten und seine Lebensbedingungen zu erforschen. Dabei wurden auch vorher nicht bekannte Einzelheiten der Marsoberfläche entdeckt, zum Beispiel ein 24 km hoher Vulkan, ein Canyon von 5000 km Länge, viele Täler mit Erosionsmerkmalen, die darauf hinweisen, dass es auf dem Mars eventuell fließendes Wasser gibt oder früher einmal gab. Überrascht war man, dass der Mars nur eine sehr dünne Atmosphäre mit 6 bis 8 Millibar Bodendruck besitzt: 95 % bestehen aus Kohlenstoffdioxid, 3% aus Stickstoff, 1,5 % aus Argon, 0,3 % aus Sauerstoff, der Rest aus Spuren von Wasser, Krypton und Xenon. Am Marsäquator wurden Tageshöchsttemperaturen von + 16 bis + 26° C, aber Nachttemperaturen bis – 80° C gemessen. In den Polarregionen wurden keine höheren Temperaturen als –120° C erfasst. Derartige Temperaturen bzw. Temperaturschwankungen sind nicht lebensfreundlich. Hinzu kommen die sehr dünne Atmosphäre und das Fehlen einer Ozonschicht, so dass die lebensfeindliche Ultraviolettstrahlung der Sonne die Oberfläche des Mars nahezu ungefiltert erreicht. Offenbar gibt es weder „Marsmenschen" noch sonstiges Leben auf dem roten Planeten; und noch ungünstiger für die Existenz von Leben sind die Verhältnisse auf Jupiter und Saturn wie auch auf den äußersten Planeten.

Dieser kurze Blick auf unsere Nachbarn im Sonnensystem mag genügen, um klarzumachen, was wir an unserer Erde haben, was aber die Erde an uns offenbar nicht oder noch nicht hat: Lebewesen, die verantwortungsvoll mit den Schätzen ihres Planeten umgehen, um die Lebensgrundlagen für ihre eigene Art und die anderen Arten zu erhalten. „Die Erde braucht uns nicht", heißt es treffend in einem Umweltschutz-Slogan, „aber wir brauchen die Erde".

1.1. Kreisläufe des Weltalls

Wer die Natur lange und intensiv genug beobachtet, ihre Farben, Formen, Strukturen und Abläufe erkundet, kann sich der Faszination darüber, wie „intelligent" sie organisiert ist, nicht entziehen. Mit einem minimalen Aufwand an Material und Energie werden maximale Erträge höchster Qualität produziert. Zu den wichtigsten „Wirtschaftsgrundsätzen" der Natur, der belebten wie der unbelebten, gehört das *Prinzip des Kreislaufs*.

Natürliche Kreisläufe wurden von Menschen lange vor Beginn unserer Zeitrechnung entdeckt. Bereits im alten Babylon, Ägypten, China und Mittelamerika gingen Gelehrte davon aus, dass sich nicht nur Mond und Sonne, sondern auch die Planeten auf Kreisbahnen bewegen. Der griechische Geograph CLAUDIUS PTOLEMÄUS (um 85–160 n. Chr.) lieferte eine Theorie, welche die Bewegung der Himmelskörper erklären sollte. Ihr zufolge steht die Erde still im Mittelpunkt des Universums. Um sie herum kreisen die „Planeten" Mond, Merkur, Venus, Sonne, Mars, Jupiter und Saturn und auf der äußeren Sphäre die Fixsterne (Abb. 2).

Dieses „geozentrische" Weltbild wurde erst von dem preußischen Astronomen NIKOLAUS KOPERNIKUS (1473-1543) widerlegt. Dabei ist interessant zu wissen, dass längst vor PTOLEMÄUS ein anderer Grieche der Wahrheit, die Kopernikus in seinem „heliozentrischen" Weltbild endgültig aufdeckte, schon auf der Spur gewesen war. Der Astronom ARISTARCH VON SAMOS (um 310– 250 v. Chr.) vertrat fast zweitausend Jahre vor KOPERNIKUS die Ansicht, die Sonne sei ruhender Mittelpunkt des Universums und werde von den Planeten, einschließlich der Erde, umkreist. KOPERNIKUS, der die Theorie des ARISTARCH kannte, ist also eigentlich nur Reformator der Astronomie der Antike (Abb. 3).

Auch wenn noch im 17. Jahrhundert die römische Kirche den italienischen Naturforscher GALILEO GALILEI (1564-1642) verfolgte, weil er für das heliozentrische Weltbild eintrat, so ist doch seit KOPERNIKUS endgültig bekannt, dass die Erde einerseits die Sonne umkreist und andererseits sich um ihre eigene Achse dreht. Dieses sind also die beiden Kreisläufe der Natur, die als erste von Menschen entdeckt wurden. Daran ändert auch die Tatsache nichts, dass die Umlaufbahn der Erde um die Sonne, wie der württembergische Astronom JOHANNES KEPLER (1571-1630) bewies, keinen Kreis, sondern eine Ellipse bildet, in deren einem Brennpunkt die Sonne steht.

Die ersten Versuche, die Entstehung unseres Sonnensystems zu erklären, stammen aus der zweiten Hälfte des 18. Jahrhunderts. Im Jahr 1755 stellte der Königsberger Philosoph IMMANUEL KANT (1724-1804) die so genannte *Meteoritenhypothese* auf, nach der sich die Sonne und ihre Planeten aus einer kosmischen Wolke kleiner, fester Teilchen gebildet haben.

Die Meteoritenhypothese KANTS wurde bereits 1796 abgelöst durch die so genannte *Nebularhypothese* des französischen Mathematikers PIERRE DE LAPLACE (1749-1827). Er postulierte eine kosmische Wolke aus glühendem Gas, die sich langsam im Weltraum dreht und sich dabei allmählich kugelförmig zusammenzieht. Dabei wird ihre Rotation schneller. Die Kugel plattet sich zu einer Scheibe ab; es sondern sich Gasringe ab und diese verdichten sich nach und nach zu Planeten und Monden. Der Ausgangspunkt dieser

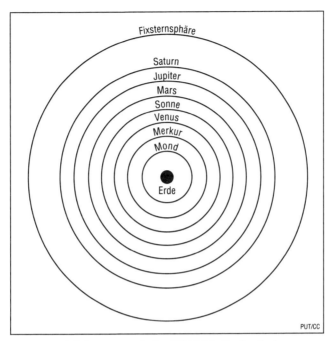

Abb. 2: Modell des geozentrischen Weltbilds (Ptolemäus)
Quelle: HERRMANN 2000, S. 14

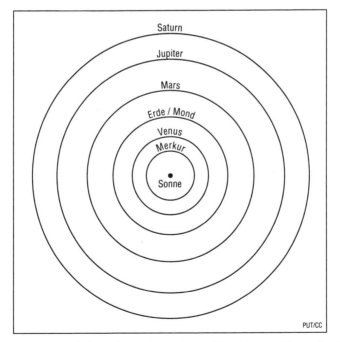

Abb. 3: Modell des heliozentrischen Weltbilds (Aristarch/Kopernikus)
Quelle: HERRMANN 2000, S. 16

1796 veröffentlichten Theorie ist also wiederum die Vorstellung eines Kreislaufs (rotierende Gaskugel), aus dem mehrere Teilkreisläufe hervorgegangen seien.

Woher die Feststoff- oder Gasteilchen gekommen sind, wie sie entstanden sind und warum und von wem sie zum Sonnensystem zusammengefügt worden sind, das konnten weder KANT noch LAPLACE noch ihre Nachfolger beantworten.

Auch die Frage, wann die Planeten fertig geformt waren, das heißt, wann sie ihre uns bekannte Größe erreicht hatten und auf ihren uns bekannten Umlaufbahnen zirkulierten, wartet noch auf ihre Antwort.

Nach den Erkenntnissen der modernen Astronomie gilt das Prinzip des Kreislaufs auch auf der Ebene der *Galaxien*, um deren Zentren jeweils Milliarden von Sternen kreisen. In unserer *Galaxis* („Milchstraße") mit ihren 200 Milliarden Sternen braucht unser Sonnensystem etwa 260 Millionen Jahre, bis es das galaktische Zentrum einmal umrundet hat, wobei seine Umlaufgeschwindigkeit mehr als 800.000 km/h beträgt (Abb. 4).

Ob auch die Galaxien ihrerseits um ein Zentrum noch höherer Ordnung kreisen und wo all die kosmischen Kreisläufe enden oder angefangen haben, wissen wir nicht. Aber eines ist sicher: Der Kreislauf ist ein Konstruktions- und Funktionsprinzip der Natur, auf allen Ebenen, nicht nur im ganz Großen, sondern auch im ganz Kleinen, in der Welt der Elementarteilchen, in der zum Beispiel Elektronen Atomkerne umkreisen.

Wenn wir die uns bekannten kosmischen Umlaufbahnen betrachten, müssen wir allerdings feststellen, dass es echte Kreisbahnen im geometrischen Sinne nicht gibt. Objekte, die ein Zentrum auf einer festen Bahn umrunden, die dadurch charakterisiert ist, dass alle Punkte auf ihr denselben Abstand vom Mittelpunkt haben, existieren nur in technischen Systemen, in denen etwa Räder um Achsen rotieren.

Wie wir seit KEPLER wissen, ist die Umlaufbahn der Erde um die Sonne kein Kreis, sondern eine Ellipse, in deren einem Brennpunkt die Sonne steht, was bedeutet, dass es eine sonnennächste *(Perihel)* und eine sonnenfernste *(Aphel)* Position der Erde während eines Umlaufs gibt (Abb. 5). Auch der Mond umrundet die Erde auf einer elliptischen Bahn, in deren einem Brennpunkt die Erde steht. Und bei den anderen Planeten und deren Monden in unserem Sonnensystem wie auch in anderen Sternensystemen verhält es sich nicht anders.

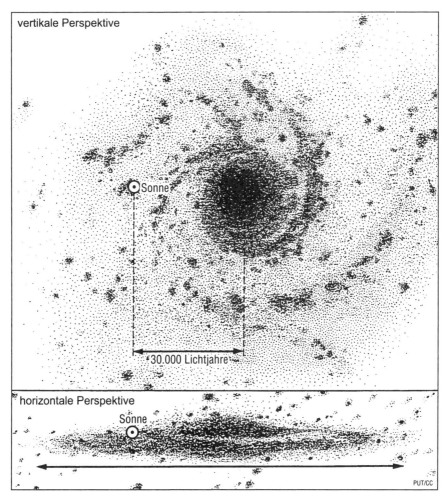

vertikale Perspektive

⊙ Sonne

30.000 Lichtjahre

horizontale Perspektive

Sonne

PUT/CC

Abb. 4: Das Milchstraßensystem (Galaxis)
        Quelle: Diercke Weltatlas 1996, S. 243

Stellen wir uns nun vor, wir betrachteten nicht nur die Bewegung der Himmelskörper um ihr jeweiliges Zentrum, sondern das Gesamtsystem der Bewegungen aus großer Entfernung, dann würden wir sehen, dass alle Himmelskörper genau genommen nicht elliptischen, sondern spiralförmigen Bahnen folgen, die sich hierarchisch überlagern. Denn aus der Umlaufbahn des Mondes um die Erde wird in Verbindung mit dem Umlauf der Erde um die Sonne eine Spirale. Auf der nächsten Ebene wird aus der Umlaufbahn der Erde um die Sonne in Verbindung mit dem Umlauf der Sonne um das Zentrum der Milchstraße wieder eine Spirale usw. Dieser „Spiraltanz" der Himmelskörper funktioniert jedoch nur, wenn die einzelnen Schwer- und Fliehkräfte im Gleichgewicht sind.

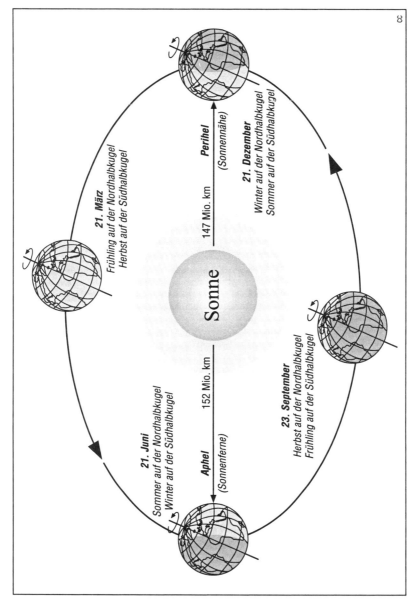

Abb. 5: Die Bahn der Erde um die Sonne und die Entstehung der Jahreszeiten (nicht maßstäblich)
Quelle: Block 1993, S. 35

Ein Planet des Sonnensystems beispielsweise bewegt sich nur deshalb auf einer dauerhaften Bahn, weil er weder aufgrund eines Überwiegens der Schwerkraft der Sonne auf diese stürzt noch infolge des Überwiegens der Fliehkraft, die durch seine Bewegung um die Sonne entsteht, aus seiner Umlaufbahn nach außen fliegt. Obwohl dieses „Kräftespiel" ständig durch Veränderung der Abstände der Himmelskörper voneinander gestört wird, gleichen sich die Störungen immer wieder aus, zumindest auf den unteren kosmischen Ebenen. Auf der obersten Ebene betrachtet, gewinnt vielleicht die Flucht nach außen, die ja zur Expansion des Weltalls zu führen scheint, mehr und mehr die Oberhand, wobei die Kosmologen wie gesagt darüber debattieren, ob sich diese Ausdehnung „ewig" fortsetzt oder irgendwann einmal zum Stillstand kommt und in eine Kontraktionsbewegung übergeht.

Immerhin funktioniert unser Sonnensystem mit seinen elliptisch kreisenden Planeten und Monden schon seit Jahrmilliarden, ohne dass das „Getriebe" zusammengebrochen oder auseinander geflogen ist. Sogar „kosmische Kollisionen" mit fremden Himmelskörpern, die es in dieser langen Zeit vielfach gegeben hat, haben nicht ausgereicht, die Planeten aus ihren Bahnen zu werfen. Auf die Auswirkungen solcher Kollisionen mit der Erde werde ich in Kapitel 1.3. eingehen.

Möglicherweise ist ein Planet unseres Sonnensystems durch eine große Kollision zertrümmert worden. Denn zwischen der Mars- und Jupiterbahn bewegen sich sehr viele so genannte kleine Planeten, auch *Asteroiden* und *Planetoiden* genannt. Heute sind etwa 2300 dieser Planetoiden gut bekannt; insgesamt dürften mehr als 40.000 existieren. Ihre Gesamtmasse beträgt allerdings nur etwa ein Tausendstel der Erdmasse beziehungsweise ein Zehntel der Masse des Erdmondes. Bereits im Jahre 1898 wurde ein Planetoid (*Eros*) entdeckt, der eine eigenartige Bahn hat. Er dringt bei seinem Lauf um die Sonne weit in das Innere des Planetensystems ein, das heißt, er kreuzt die Marsbahn und kommt sogar bis auf 22 Millionen Kilometer an die Erde heran. Später sichtete man noch auffälligere Kleinplaneten: *Amor* näherte sich der Erde bis auf 16 Millionen Kilometer, und *Geographos, Apollo* und *Adonis* kreuzen sogar die Erdbahn, die beiden Letztgenannten darüber hinaus noch die Venusbahn.

Wegen dieser eigenartigen Bahnen und wegen der großen Zahl der Kleinplaneten liegt es nahe zu vermuten, dass es sich um Bruchstücke eines ehemaligen Planeten handelt, der bei einer großen kosmischen Kollision zertrümmert wurde. Es ist aber auch möglich, dass diese Kleinkörper gleichzeitig mit den großen Planeten aus der kosmischen Staub- und Gaswolke entstanden sind.

Kehren wir zur Erdbahn zurück, um die „normalen", das heißt rhythmisch ablaufenden Bahnstörungen zu betrachten. Dazu gehören vor allem periodische Schwankungen der Elemente der Erdumlaufbahn um die Sonne, die aus der periodisch wechselnden Schwerkraft zwischen Sonne, Erde, Mond und den anderen Planeten resultieren. Sie führen vor allem zur Veränderung der Form der Umlaufbahn der Erde um die Sonne und zur Veränderung der Neigung der Erdachse gegen die Umlaufbahnebene.

Die elliptische Umlaufbahn kann eine größere oder kleinere *Exzentrizität* haben, das heißt der Brennpunkt, in dem die Sonne steht, verändert seinen Abstand vom Mittelpunkt der Ellipse. Bei nahezu kreisförmiger Ellipse ist also die Differenz zwischen Perihel und Aphel gering; bei stärker ausgeprägter Ellipse ist die Differenz größer. Gegenwärtig ist die Erde im Perihel 147.100.000 km, im Aphel 151.100.000 km von der Sonne entfernt.

Die Veränderung der Neigung der Erdachse gegen die Umlaufbahnebene ist ein komplexer Vorgang, der mit den Begriffen *Präzession* und *Nutation* zu beschreiben ist.

Die Präzession („Vorangehen") kann man sich gut vorstellen, wenn man die Erde als rotierenden Kreisel sieht, dessen Achse während seiner Wanderung um die Sonne ganz langsam „eiert" (Abb. 6). Dieses Eiern erfolgt in der Weise, dass die Erdachse die Mäntel zweier Kegel überstreicht, die im Erdmittelpunkt mit ihrer Spitze zusammentreffen und deren Achsen senkrecht auf der Erdbahnebene stehen. Ein vollständiger Umlauf der Erdachse auf den Kegelmänteln dauert fast 25.800 Jahre. Bei diesem Umlauf zeichnet die Erdachse den *Präzessionskreis*. Unser normales Jahr kommt bekanntlich durch einen einmaligen Umlauf der Erde um die Sonne, ein *Platonisches Jahr*, das 25.800 Erdjahre dauert, durch den Präzessionsumlauf der Erdachse zustande. Die Präzession der Erdachse sorgt auch dafür, dass diese gegen die Umlaufbahnebene der Erde um die Sonne, die man auch *Ekliptik* nennt, geneigt ist. Die Erdachse weicht mit etwa 23½° erheblich von der Senkrechten ab. Dadurch entstehen Sommer und Winter auf den beiden Erdhalbkugeln (Abb. 5). Das Eiern der Erdachse verschiebt auch die Jahreszeiten ganz langsam, so dass auf der Halbkugel, die heute gerade Winter hat, nach 12.900 Jahren Sommer herrscht und nach weiteren 12.900 Jahren wieder Winter.

Dem Präzessionskreis aufgesetzt ist eine weitere rhythmische Bewegung, die *Nutation* („Nicken") (Abb. 7). Auf dem Präzessionskreis pendelt nämlich die Erdachse etwas seitlich aus, und zwar in Gestalt einer elliptischen „Kleinbahn", die den Präzessionskreis spiralig „überzeichnet". Dadurch verändert sich auch die Neigung der Erdachse gegen ihre Umlaufbahnebene

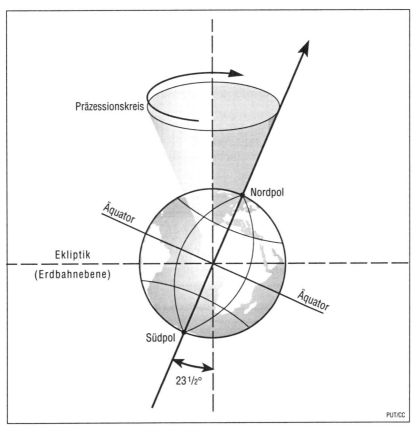

Abb. 6: Der Präzessionsumlauf der Erdachse
Quelle: HERRMANN 2000, S. 62

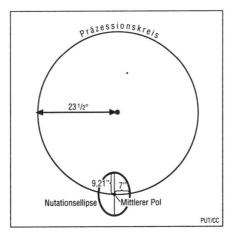

Abb. 7: Überlagerung des Präzessionskreises
durch die Nutationsellipse (stark vergrößert)
Quelle: HERRMANN 2000, S. 62

etwas. Eine Nutationsperiode dauert nur knapp 19 Jahre. Die Neigung der Erdachse wird durch die Nutation nur um etwa 9 Winkelsekunden verändert. Darüber hinaus gibt es eine weitere Schwankung in der Neigung der Erdachse, und zwar mit einer Periode von etwa 40.000 Jahren. Bei dieser verändert sich die Neigung, die ja gegenwärtig 23½° beträgt, sogar zwischen etwa 22° und 24°.

Stünde die Erdachse immer senkrecht auf der Umlaufbahnebene, würde es für jeden Punkt auf der Erdoberfläche jeweils nur eine breitenlageabhängige Sonnenbahn am Himmel geben, Tag für Tag, Jahr für Jahr. Sommer und Winter gäbe es nicht. Beispielsweise würde die Sonne am Äquator morgens immer im Osten aufgehen, mittags immer senkrecht am Himmel stehen und abends immer im Westen untergehen. In 45° nördlicher Breite würde sie ebenfalls immer im Osten auf- und im Westen untergehen, aber mittags immer nur 45° über dem Horizont im Süden stehen. An den beiden Polen dagegen würde sie immer nur am Horizont entlangkriechen, ohne ihn zu über- oder unterschreiten. Derartige Verhältnisse kennen wir nur von zwei Tagen im Jahr, nämlich vom 21. März und 23. September (Abb. 5). Daran erkennt man am deutlichsten, welche Bedeutung die kosmischen Kreis- bzw. Spiralläufe für unser Leben auf der Erde haben.

Die Rotation der Erde um ihre Achse verursacht nicht nur den rhythmischen Wechsel von Tag und Nacht, sie erzeugt auch das *Erdmagnetfeld*. Die Quelle des Erdmagnetismus befindet sich im Erdinnern. Man nimmt an, dass der Erdkern hauptsächlich aus Eisen besteht, und zwar aus einem festen inneren und einem flüssigen äußeren Kern. Als Ergebnis der Erdrotation soll der flüssige äußere Kern um den festen inneren Kern strömen und dabei einen elektrischen Strom verursachen, der seinerseits ein magnetisches Feld aufbaut. So wird die Erde zu einem gigantischen Magneten, der von einem Magnetfeld umgeben ist, welches alles durchdringt, was in diesem Feld platziert ist. Wenn man einen kleinen Magneten, z.B. eine Kompassnadel, im Erdmagnetfeld frei schweben lässt, so stellt sich diese Nadel leicht in Richtung der Feldlinien ein. Diese Feldlinien verbinden den magnetischen Nordpol mit dem magnetischen Südpol.

Merkwürdigerweise fallen die magnetischen Pole nicht genau mit den Rotationspolen zusammen. Der magnetische Nordpol liegt bei etwa 73° nördlicher Breite und 100° westlicher Länge, der magnetische Südpol bei etwa 69° südlicher Breite und 143° östlicher Länge. Die magnetischen Pole verschieben sich langfristig, so dass auch das Erdmagnetfeld entsprechenden Veränderungen unterliegt, wahrscheinlich als Folge von Massenverlagerungen im Erdinnern.

Das die Erde umgebende Magnetfeld bezeichnet man auch als *Magneto-sphäre*. In Richtung der Sonne reicht die Magnetosphäre etwa zehn Erdradien, in die entgegengesetzte Richtung sehr viel weiter; denn der „Sonnenwind" deformiert das Erdmagnetfeld und wird von diesem größtenteils um die Erde herumgeleitet (Abb. 8). Diese „Umleitung" ist wichtig; denn die elektrisch geladenen Teilchen (Protonen, Elektronen), aus denen der Sonnenwind besteht, sind lebensfeindlich. So liefert uns also der Kreislauf der Erde um ihre Achse und die daraus resultierende Magnetosphäre Schutz vor unverträglicher solarer und anderer kosmischer Strahlung. Insgesamt bilden also alle kosmischen Kreisläufe zusammen ein hierarchisch geordnetes, rhythmisch-schwankendes, aber zugleich stabiles System.

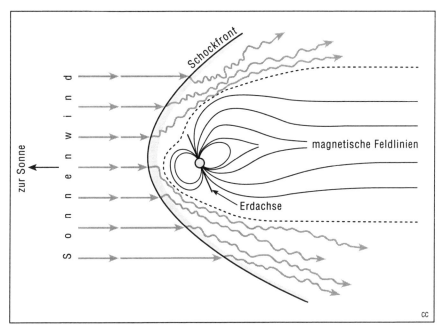

Abb. 8: Ablenkung des Sonnenwindes durch das Erdmagnetfeld
    Quelle: HERRMANN 2000, S. 84

1.2. Die Erde im Licht der Sonne

Es stellt sich die Frage, ob es noch weitere Kreisläufe gibt, von denen die Erde in ähnlicher Weise beherrscht wird wie vom Zyklus der Tages- und Jahreszeiten. Es gibt sie, und auch diese Kreisläufe – der *Luftkreislauf*, der *Wasserkreislauf* und der *Gesteinskreislauf* sowie der *Kreislauf des Lebens* auf der Erde – sind nur dann richtig zu begreifen, wenn wir wieder bei den Sternen beginnen.

Von überragender Bedeutung für das Geschehen auf der Erde ist allerdings nur ein Stern, nämlich unsre Sonne – nicht nur deshalb, weil sie das Schwerkraftzentrum bildet, das die Erde auf ihrer Umlaufbahn hält, sondern weil sie auch Energie liefert, welche die irdischen Stoffkreisläufe antreibt. Kernphysikalisch gesehen ist die Sonne – eine Kugel aus heißen Wasserstoff- und Heliumgasen – ein gigantischer „Fusionsreaktor". Sie ist so groß, dass mehr als eine Million Erdkugeln in ihr Platz hätten, und so leistungsfähig, dass von jedem Quadratmeter der Sonnenoberfläche ein ständiger Energiestrom von etwa 60 Megawatt (= 60 Millionen Watt) ausgeht (Abb. 9).

Hiervon erreicht nur ein verschwindend kleiner Anteil die 150 Millionen Kilometer entfernte winzig kleine Erde: nur noch 1,4 Kilowatt / m² der Erdoberfläche. Und doch ist das nicht wenig; denn die gesamte Energie, welche die Erde von der Sonne erhält, beträgt 10^{11} Megawatt, das Zigtausendfache der von Menschen auf der Erde durch Verbrennung und Kernspaltung freigesetzten Energie.

Der Fusionsreaktor Sonne wird mit Wasserstoff betrieben: bei einer Temperatur von 15 Millionen Grad Celsius verschmelzen im Sonnenkern jeweils vier Atomkerne des Wasserstoffs zu einem Heliumkern. In jeder Sekunde verbraucht die Sonne 564 Millionen Tonnen Wasserstoff, um daraus 560 Millionen Tonnen Helium zu machen. 4 Millionen Tonnen werden in Energie umgewandelt und in den Weltraum abgestrahlt, in Form von elektromagnetischer Strahlung, zu der auch das für uns sichtbare Licht gehört, und in Form von elektrisch geladenen Teilchen (Protonen und Elektronen), die wir im vorigen Kapitel bereits als „Sonnenwind" kennen gelernt haben.

Damit stellt sich die Frage, ob die Sonne nicht irgendwann ihren gesamten Energievorrat abgebaut haben wird. Die Antwort der Astrophysik lautet: Ja! Aber das Ende der Sonne und der Erde wird nicht durch Erlöschen des Lichts eintreten, nicht durch fortschreitende Abkühlung und Erstarrung des Wassers und des Lebens und nicht durch Verflüssigung des Sauerstoffs der Luft

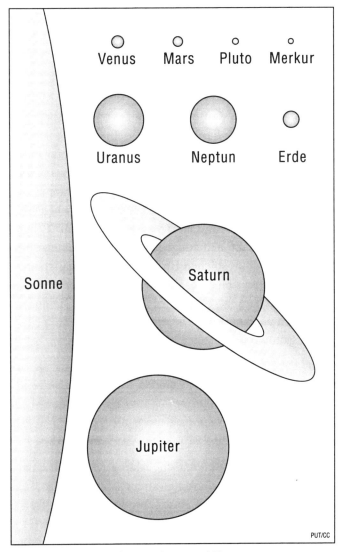

Abb. 9: Größenverhältnisse von Sonne und Planeten
Quelle: HERRMANN 2000, S. 54

bei − 183° C, des Stickstoffs bei − 196° C und Erstarrung dieser beiden Elemente bei − 219° C bzw. − 210° C auf der Erde.

Nach den gegenwärtigen Modellen der Sternentwicklung hat die Sonne bereits die Hälfte ihrer Lebensdauer hinter sich. Aber bevor sie ganz „ausgebrannt" sein wird und als *Weißer Zwerg* langsam ausglühen und kalt und schwarz wie der Weltraum enden wird, durchläuft sie vorher das Stadium eines *Roten Riesen*: Aufgrund komplizierter thermonuklearer Reaktionen

wird sich die Sonne im Alter von etwa 10 Milliarden Jahren gewaltig auf-
blähen, bis zum Hundertfachen ihres heutigen Durchmessers, und sich bis
zur Erdbahn hin ausdehnen. Also nicht an Kälte, sondern an Hitze wird die
Erde zugrunde gehen!

Die moderne Weltraumforschung lehrt uns eine größere Abhängigkeit der
Erde von der Sonne, als die Menschen jemals zuvor geahnt haben: Die Raum-
fahrten zu Venus und Mars haben deutlich gemacht, wie winzig klein die
„ökologische Nische" für Leben im Sonnensystem ist. Nur innerhalb einer
schmalen Zone hat sich eine lebenfördernde Atmosphäre entwickelt. Wäre
die Erde etwa fünf Prozent näher an der Sonne, dann wäre sie wahrscheinlich von einer ähnlich heißen und giftigen Gashülle umgeben wie die Venus,
auf der eine Durchschnittstemperatur von mehr als 400° C herrscht. Eine
etwas größere Umlaufbahn hätte dagegen zu eisiger Kälte geführt, und die
Erdoberfläche gliche unter solchen Bedingungen den kalten und trockenen
Wüsten des Mars. Wenn sich eines fernen Tages die Sonne zu einem Roten
Riesen auszudehnen beginnt, dann wird sich die Zone, in der Leben möglich ist, allmählich nach außen verlagern, fast bis zum doppelten Erdbahn-
durchmesser, irgendwo jenseits der Marsbahn.

*„Um zu überleben, müsste die Menschheit dann die Erde verlassen und in
immer größerem Abstand von der Sonne in Weltraumkolonien übersiedeln.
Licht und Wärme der Sonne können aber auch dann das Leben nur begrenzt
erhalten. Sein Ende ist unvermeidlich, wenn der Wasserstoffvorrat der Sonne einmal aufgebraucht ist".*

Dieses Szenario, das der amerikanische Astrophysiker HERBERT FRIEDMAN
(1987, S. 197) entwirft, lässt allerdings außer Acht, dass die Menschen und
die meisten anderen heute auf der Erde lebenden Arten des Tier- und Pflan-
zenreiches schon viel früher ausgestorben sein werden; denn für jede Art ist
auf der „Bühne" der irdischen Evolution nur ein zeitlich begrenzter „Auftritt" vorgesehen. Wer dieses „Drehbuch" aus welchen Gründen geschrieben hat, wissen wir leider nicht und werden es auch nie herausfinden. Dennoch sollten wir uns bemühen, den Horizont unseres bisherigen Wissens,
auch über die Sonne, zu erweitern.

Zu einem wichtigen Forschungsgegenstand gehören die bereits von GALILEI
im 17. Jahrhundert beschriebenen, aber bis heute noch nicht vollständig ver-
standenen *Sonnenflecken*. In Sonnenflecken treten starke Strahlungs-
ausbrüche auf, die den Sonnenwind verstärken und nach neueren Erkenntnissen auch für Klimaveränderungen auf der Erde von Bedeutung sind. Etwa
alle elf Jahre durchläuft die Sonnenaktivität und damit auch der Sonnen-

wind ein Maximum, so dass man von einem *Sonnenfleckenzyklus* spricht. Warum allerdings zwischen 1645 und 1715 überhaupt keine Sonnenflecken zu beobachten waren, kann bis heute niemand erklären. Übrigens war es in dieser Zeit auf der Erde kälter als davor und danach, so dass man diesen Zeitabschnitt sogar als „Kleine Eiszeit" bezeichnet (siehe Kap. 2.).

1.3. Kosmische Kollisionen

Trotz der vorherrschenden Leere des Weltraums stößt die Erde ständig mit anderen Himmelskörpern (*Meteoriten*) zusammen. Dazu gehören auch die *Sternschnuppen,* die man hin und wieder am Nachthimmel beobachten kann – kleine Stein- oder Metallkörner, meist nicht größer als ein Stecknadelkopf. Wegen ihrer geringen Größe erreichen sie die Erdoberfläche nicht. Die Atmosphäre schützt uns vor ihnen: durch Reibung mit den Luftmolekülen werden sie bis zur Weißglut erhitzt und verdampfen. Deshalb verlöschen sie ebenso plötzlich, wie sie aufleuchten.

Es gibt aber auch Himmelskörper von wesentlich größerer Masse, die auf die Erdoberfläche prallen. Solche Meteoriten hat man bisher in Gestalt von kleinen Brocken bis zu großen Blöcken von mehreren Tonnen Gewicht gefunden. In Südwestafrika und auf Grönland entdeckte man 60 t schwere Nickel-Eisen-Meteorite.

Ein größerer Meteorit konnte vor einigen Jahren sogar bei seinem Sturzflug beobachtet werden. Er ging am 8. März 1976 um 15 Uhr in Nordchina nieder. Nach 400 km Flug in der Erdatmosphäre, bei dem er wie eine Feuerkugel von der doppelten Größe des Mondes aufleuchtete, zerplatzte er in etwa 15 km Höhe mit einem lauten Knall, der wie ein Donner über das Land hallte, in drei Teile, die kurz darauf die Erdoberfläche erreichten. Das größte Bruchstück wog fast 2 t. Es schlug einen 6 m tiefen Trichter von 2 m Durchmesser; eine pilzförmige Staubwolke stieg 50 m hoch empor.

Wie groß mag der Meteorit gewesen sein, der den eindrucksvollsten aller Meteoritenkrater auf der Erde, den *Arizona-Krater,* auch „Canyon Diabolo" genannt, geschlagen hat? Dessen Durchmesser liegt bei 1,3 km, und er ist bis zu 175 m tief. Man schätzt, dass hier, vor etwa 50.000 Jahren, ein Meteorit von 10 Millionen Tonnen Gewicht und einem Durchmesser von 150 m einschlug. Am Kraterrand wurden aber nur 30 t meteoritischen Materials gefunden; der größte Teil ist offenbar pulverisiert oder verdampft worden. Durch eine noch wesentlich größere Kollision entstand in Mitteleuropa vor etwa 15 Millionen Jahren das *Nördlinger Ries*, ein Krater von 20 km Durchmesser, in dem heute die Stadt Nördlingen liegt.

In den vergangenen Jahren sind auf Satellitenfotos etliche weitere Meteoritenkrater auf der Erdoberfläche entdeckt worden. Aber verglichen mit dem Mond, dessen Oberfläche von ihnen geradezu übersät ist, wovon man sich mit Hilfe eines Fernglases leicht überzeugen kann, kommen sie auf der Erdoberfläche relativ selten vor.

Sollte die Erde von Meteoriten mehr verschont geblieben sein als der Mond? Aber warum? Woher kommt eigentlich der Mond, der die Erde ebenso umkreist wie diese die Sonne? Ist er ein erdferner Himmelskörper, der irgendwo im All einem dichten „Meteoritenbombardement" ausgesetzt gewesen ist und erst später, aus welchem Grund auch immer, zufällig in das Schwerkraftfeld der Erde gelangt und dort auf eine Umlaufbahn geraten ist, auf der sich Schwer- und Fliehkraft die Waage halten? Vieles spricht gegen diese Erklärung. Auch andere Planeten haben Monde, der Mars zwei, der Jupiter sechzehn und der Saturn sogar achtzehn. Wahrscheinlich sind die Monde feste Bestandteile der „Architektur" unseres Sonnensystems und nicht erst später eingefangen worden. Die Monde ordnen sich in die Hierarchie der kosmischen Kreisläufe ein.

Offenbar sind also Erde und Mond nahe „Verwandte". Ist der Mond vielleicht sogar ein „Kind" der Erde? Viele Wissenschaftler bejahen heute diese Frage. Denn das Gestein, das die Astronauten oder unbemannte Mondsonden in der zweiten Hälfte des vergangenen Jahrhunderts zur Erde gebracht haben, hat dieselbe chemische Zusammensetzung wie das Basaltgestein der Erde, welches Vulkane aus großer Tiefe, aus dem „Erdmantel", an die Erdoberfläche befördert haben (Abb. 10). Der Erdmantel ist die Zone des Erdinneren, die unterhalb der festen Erdkruste folgt, zwischen etwa 30 – 60 km und fast 3000 km Tiefe. Er hat eine andere chemische Zusammensetzung als die meisten Gesteine, aus denen die Erdkruste besteht.

Auf jeden Fall haben Mond- und Erdmantelgestein eine völlig andere Zusammensetzung als Meteorite. Diese Befunde führen zu folgender Hypothese: Der Mond stammt von der Erde. Er hat sich von ihr getrennt, als die Erdkruste noch nicht erstarrt war. Die Abspaltung des Mondes von der Erde war die Folge des Einschlags eines Riesenmeteoriten. Aus der Auswurfmasse hat sich zunächst ein Ring aus Gesteinsfragmenten um die Erde herum gebildet, vergleichbar den Saturnringen, die sich später zum Mond zusammenfügten und verdichteten.

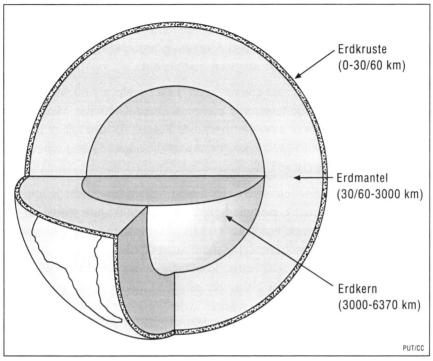

Erdkruste
(0-30/60 km)

Erdmantel
(30/60-3000 km)

Erdkern
(3000-6370 km)

PUT/CC

Abb. 10: Die Sphären des Erdinneren
    Quelle: SCHMINCKE 2000, S. 17

Wir wissen nicht, welche Auswirkungen auf die Erde dieser vermutete
Riesenmeteoriteneinschlag sonst noch gehabt hat. Aber offensichtlich hat er
nicht ausgereicht, die Integrität unseres Planeten zu zerstören oder ihn aus
seiner Umlaufbahn um die Sonne zu werfen. Zu mehr als schweren „Kreislaufstörungen" scheint es nicht gekommen zu sein. Aber was bedeutet das
schon angesichts der ohnehin turbulenten Ereignisse während der frühen
Urzeit der Erde?

Warum also ist die Mondoberfläche, im Gegensatz zur Erde, mit Meteoriten-
kratern übersät? Angesichts der engen Verwandtschaft zwischen beiden
müssen wir davon ausgehen, dass die Erde nicht weniger häufig als der Mond
von Meteoriten getroffen wurde. Die unterschiedliche Einschlagdichte kann
also nur damit erklärt werden, dass die Erde die meisten Spuren solcher
Kollisionen beseitigen konnte. Dafür standen und stehen ihr, im Gegensatz
zum Mond, die globalen Kreisläufe der Luft, des Wassers und der Gesteine
zur Verfügung.

Auf dem Mond gibt es keine Atmosphäre und keine Hydrosphäre und deshalb auch keine Gesteinsverwitterung, keine Erosion, keinen Transport und

keine Ablagerung durch fließendes Wasser, kriechendes Gletschereis und bewegte Luft. Auf der Erde sind also die Spuren kosmischer Treffer im Laufe der Zeit von Verwitterungs- und Abtragungsprozessen größtenteils wieder beseitigt worden; nur die jüngsten sind noch da.

Auf der festen Erdoberfläche kennt man bisher mehr als 60 Meteoritenkrater mit einem Durchmesser von mehr als einem Kilometer. Meteoritentreffer solchen Kalibers haben verheerende Folgen für das Leben auf der Erde gehabt. Was wird geschehen, wenn sich die nächste kosmische Katastrophe dieser Art ereignet?

Beim Aufprall eines Meteoriten von einem halben bis einem Kilometer Durchmesser und einer Geschwindigkeit von 100.000 km/h würde an der Erdoberfläche ein Druck von etwa 10 Millionen Bar und eine Temperatur von 30.000° C entstehen. Die Temperatur an der Oberfläche der Sonne beträgt „nur" etwa 6000° C. Die beim Einschlag freigesetzte Energie wäre 100 Mal größer als beim stärksten bisher gemessenen Erdbeben. Die Zerstörungskraft eines solchen Meteoriten entspräche der von einer Million Atombomben des „Hiroshima-Typs". Das Volumen der beim Einschlag bewegten Erdmassen läge bei 100 km³. Sie würden sowohl hochgeschleudert als auch tief in die Erdkruste gedrückt werden. 4 km³ Gestein würden völlig verdampfen. In knapp einer Minute würde eine riesige Wolke aus Gesteinsbrocken und –staub bis in 20 km Höhe geblasen. Noch in einer Entfernung von 2000 km würden nahezu alle höheren Lebensformen ausgelöscht. Flächenbrände würden das Zerstörungswerk erweitern.

Noch verheerender wären die Folgen, wenn der Meteorit in einen der Ozeane einschlüge, was recht wahrscheinlich ist, da die Meere über 70 % der heutigen Erdoberfläche bedecken. Über der Einschlagstelle würde sich eine gewaltige Wassersäule bilden, bis in 30 km Höhe, größtenteils aus Wasserdampf bestehend. Bald danach wäre mit der Kondensation des Dampfes und katastrophalen Wolkenbrüchen zu rechnen, in höheren Breiten auch mit gewaltigen Schneefällen. Als größte Gefahr würden sich jedoch wahrscheinlich die Meeresflutwellen erweisen. Flutwellen bis zu 30 m Höhe an Küsten sind bisher als Folgen von Erdbeben und Vulkanausbrüchen unter dem Meer beobachtet worden. Man muss aber annehmen, dass die Wirkung der von einem großen Meteoriten ausgehenden Flutwellen wesentlich größer ist. An den Rändern des vom Einschlag betroffenen Ozeanbeckens könnten Fluthöhen von mindestens einigen hundert Metern entstehen. Die Flutwellen würden weite Landgebiete überschwemmen.

Wahrscheinlich haben Menschen mindestens einen Einschlag eines großen Meteoriten ins Meer miterlebt – darauf deuten die vielen Sagen über große Fluten hin, zu denen auch die Schilderung der Sintflut in der Bibel gehört. Eine umfassende Analyse alter Dokumente – der Bibel und des Talmud, altägyptischer Papyri, babylonischer astronomischer Tafeln, der Kalender der Maya und Azteken, der Mythen Griechenlands, Arabiens, Indiens, Nord- und Südamerikas – lieferte dem amerikanischen Historiker IMMANUEL VELIKOWSKY (1978) zahlreiche Hinweise darauf, dass die Erde auch noch in historischer Zeit von kosmischen Katastrophen heimgesucht wurde: einmal in der Mitte des 2. Jahrtausends und noch einmal im 7./8. Jahrhundert vor unserer Zeitrechnung. Die österreichischen Geologen ALEXANDER und EDITH TOLLMANN (1993) kommen durch Kombination geologischer Untersuchungs-befunde mit einer Auswertung der Sagen über die Sintflut zu dem Ergebnis, dass diese Katastrophe durch Einschläge von sieben Hauptfragmenten eines Kometen ins Meer verursacht wurde, und zwar vor 9545 plus / minus wenigen Jahren.

Eines der rätselhaftesten Ereignisse in der Geschichte des Lebens auf der Erde ist der Untergang der Dinosaurier. Vor etwa 65 Millionen Jahren, am Ende des Erdmittelalters *(Mesozoikum)*, verschwanden die riesigen Kriech-tiere plötzlich von unserem Planeten und mit ihnen auch die meisten ande-ren Tier- und Pflanzenarten. Seit Generationen bemühten sich Wissenschaft-ler, dafür eine eindeutige Erklärung zu finden. Erst in unserer Zeit fanden sie überzeugende Indizien für die Hypothese, dass das Aussterben der Riesen-echsen auf extraterrestrische Ereignisse zurückzuführen ist. Eine kosmische Katastrophe hat diesen Erkenntnissen zufolge fast zu einem Zusammenbruch des Kreislaufs des Lebens auf der Erde geführt: Es kam „nur" zu einer schwe-ren „Kreislaufstörung", bei der 90 % aller Arten von der Erde verschwan-den.

Aus der erdweiten Verbreitung einer Iridium-Anreicherung in einer bestimm-ten Gesteinsschicht, die vor etwa 65 Millionen Jahren abgelagert wurde, schlossen die amerikanischen Physiker, Chemiker und Geologen WALTER ALVAREZ, LUIS ALVAREZ, FRANK ASARO und HELEN MICHEL im Jahre 1980 auf einen großen Meteoriteneinschlag, denn das platinähnliche Element Iridi-um kommt sehr häufig in Meteoriten vor. Nach dem Einschlag, so die Ver-treter dieser Theorie, sei der iridiumhaltige Gesteinstaub des verdampften oder pulverisierten Meteoriten hoch in die Atmosphäre gelangt und habe sich erst viel später abgesetzt. Die Sonne sei jahrelang verdunkelt und da-durch die Energiezufuhr für Pflanzen und Tiere auf der Erde stark vermin-dert gewesen. Licht- und Wärmemangel habe den meisten Arten ein Überleben unmöglich gemacht. Erst als die Luft wieder klar gewesen sei, habe die Evolution, um etliche Stufen auf ein niedrigeres Niveau zurückgeworfen, ihr Werk fortsetzen können.

Es dauerte nicht lange, bis die amerikanischen Paläontologen DAVID RAUP und JOHN SEPKOWSKI herausfanden, dass in den vergangenen 250 Millionen Jahren alle 26 Millionen Jahre eine auffallend hohe Aussterbequote bei Meereslebewesen auftritt. Damit kam der Verdacht auf, dass die Erde in regelmäßigen Zeitabständen aus dem All „bombardiert" werde, und zwar, wie die amerikanischen Geologen und Astronomen MICHAEL RAMPINO und RICHARD STOTHERS vermuten, folgendermaßen:

Unser Sonnensystem kreist ja, wie wir wissen, in unserer scheibenförmig angeordneten Milchstraße um deren Zentrum. Es wäre möglich, dass es dies in einer langgestreckten Wellenbewegung tut, also „auf- und abtanzend". Immer dann, wenn die Sonne den mittleren Teil der „galaktischen Scheibe" durchquert, könnte es infolge einer höheren Meteoritendichte oder des Zusammentreffens mit größeren Meteoriten zu häufigeren oder heftigeren Kollisionen kommen. Nicht gerade beruhigend ist die Vermutung, dass das Sonnensystem in unserer Zeit gerade wieder einmal durch den mittleren Teil seiner Galaxis hindurch „tanzt". Dieser gefährliche Kurs soll allerdings bereits vor 5 Millionen Jahren begonnen haben und noch ein paar weitere Jahrmillionen andauern (Abb. 4).

An dieser Stelle erhebt sich die Frage, wann die Erde wohl den nächsten kosmischen „Volltreffer" (Durchmesser: 0,5 km und mehr) erhalten wird, einen Treffer, der die Menschen in die Steinzeit zurückwerfen oder gar auslöschen könnte. Statistische Aussagen, die zum Beispiel zu dem Ergebnis kommen, ein solches Ereignis sei „nur" alle 50.000 bis 100.000 Jahre zu erwarten, sollten auch vor dem Hintergrund der Tatsache bewertet werden, dass sich im Jahre 1937 der Planetoid *Hermes* mit einem Durchmesser von 1,5 km der Erde bis auf 600.000 km genähert und dass 1989 ein anderer etwa gleich großer Planetoid die Erde um etwa 800.000 km verfehlt hat. Im Verhältnis zum Abstand zwischen Erde und Mond (354.000 km) und zu allgemeinen kosmischen Maßstäben waren das sehr geringe Distanzen.

Im Jahre 1998 entdeckten amerikanische Astronomen einen Asteroiden mit einem Durchmesser von 1,6 km, der durch das All fliegt und nach ihren allerdings noch unsicheren Berechnungen in der Nacht zum 26. Oktober 2028 um etwa 1.30 Uhr mit der Erde kollidieren könnte. Übrigens gibt es etwa 1000 die Erdbahn kreuzende Asteroide mit Durchmessern von einem Kilometer und mehr.

Angesichts dieser permanenten Bedrohung will man jetzt spezielle Atomraketen entwickeln, um sie anfliegenden Asteroiden, soweit man diese überhaupt rechtzeitig entdeckt, entgegenschicken zu können. Dabei wird man die Asteroide, falls überhaupt, nur fragmentieren können; ob aber ein multipler kosmischer „Schrotschuss" für die Erde günstiger ist als ein einziger großer Treffer, sei dahingestellt.

Es soll hier nicht verschwiegen werden, dass es Wissenschaftler gibt, die von meteoritischen Katastrophen als Ursache des Artensterbens nichts wissen wollen. Sie meinen, es seien „nur" gewaltige Vulkanausbrüche auf der Erde gewesen, die Iridium und Staub in die Atmosphäre befördert und das Klima verdorben hätten. Dass ein solcher Gedanke nicht völlig abwegig ist, lehren uns die Eruptionen des Krakatau im Jahre 1883 und des Tambora im Jahre 1815 (siehe Kap. 2.2.). Diese Forscher übersehen jedoch, dass plötzlich auftretende Vulkanausbrüche auch Folge der Zerrüttung der Erdkruste durch einen kosmischen Einschlag sein können.

Neben den natürlichen gibt es seit einigen Jahren auch *künstliche Meteoriten*, die unseren Planeten treffen: Satelliten, Raumfahrzeuge etc., die zeitlich begrenzt um die Erde kreisen und bei ihrem Absturz auf die Erdoberfläche zwar keine kosmische Katastrophe auslösen, aber doch erhebliche Schäden anrichten können. Die Schädlichkeit hängt insbesondere davon ab, ob die künstlichen Himmelskörper Atomreaktoren an Bord haben oder nicht. 1961 beförderten die USA die erste atomare Energiequelle ins All; heute kreisen bereits Hunderte um die Erde. Und ihre Zahl wird schnell weiter wachsen. Fest steht nur, dass sie irgendwann mehr oder weniger unkontrollierbar zur Erde zurückstürzen und Teile der Erdoberfläche radioaktiv belasten werden. Der erste Absturz ereignete sich bereits im Jahre 1978, als der sowjetische Satellit „Kosmos 954" aus seiner Umlaufbahn fiel und radioaktiven Schrott über weite Gebiete des glücklicherweise nur äußerst dünn besiedelten Nordkanada verstreute.

1.4. Der Schalenbau der Erde

Wie bereits im Vorwort erwähnt, kann man die Erde in mehrere Sphären einteilen, die sich geometrisch als Schalen einer Kugel beschreiben lassen. So folgen radial von außen nach innen folgende Sphären aufeinander: *Atmosphäre* (Lufthülle), *Hydrosphäre* (Wasserhülle), *Biosphäre* (Zone des Lebens), *Lithosphäre* (Erdkruste), *Mesosphäre* (Erdmantel) und *Kernsphäre* (Erdkern).

Dieses Modell darf jedoch nicht den Eindruck erwecken, als wären zwischen den einzelnen Schalen deutlich ausgebildete Grenzflächen vorhanden. Im Gegenteil, zwischen allen Sphären findet ein Stoffaustausch statt, und zwar um so schneller und intensiver, je mobiler die einzelnen Sphären sind; also insbesondere zwischen Atmo-, Hydro- und Biosphäre. Außerdem überschneiden sich die Sphären. So dringt zum Beispiel das Wasser der Hydrosphäre in die Poren und Klüfte der Lithosphäre ein und bildet dort das Grundwasser, während es im gasförmigen Zustand zu einem Bestandteil der Atmosphäre wird oder im festen Zustand als Schnee und Eis auf der Oberfläche der Lithosphäre abgelagert werden kann.

Trotz dieser gegenseitigen Durchdringung der äußeren Erdsphären (Abb. 11) lassen sie sich funktionell gut voneinander unterscheiden, und zwar vor allem deshalb, weil sich in jeder einzelnen Sphäre das Kreislaufprinzip der Natur manifestiert. Es gibt einen Luftkreislauf, einen Wasserkreislauf, einen Gesteinskreislauf und schließlich einen Kreislauf des Lebens. Bevor wir uns die Kreisläufe im Einzelnen ansehen, zunächst ein Blick zurück in die erdgeschichtliche Vergangenheit: Wie ist es zur Ausbildung der irdischen Sphären, der Geosphären, gekommen?

Um diese Frage beantworten zu können, müssen wir weit in die Geschichte der Erde und des Sonnensystems zurückgehen. Ich hatte in Kapitel 1 bereits die Hypothesen von KANT und LAPLACE zur Entstehung des Sonnensystems kurz skizziert. Danach soll sich eine rotierende Wolke aus Gas und Staub zuerst kugel-, dann scheibenförmig zusammengezogen und anschließend in Ringe gegliedert haben. Diese sollen sich nach und nach zu den Planeten und Monden verdichtet haben, die wir heute vorfinden.

Seit der Zeit von KANT und LAPLACE ist unser kosmologisches Wissen erheblich erweitert worden, auch wenn es weiterhin hauptsächlich auf Hypothesen basiert.

Viele neue Ideen über die Entstehung des Sonnensystems stammen aus Beobachtungen an Sternen im Weltall. Sterne, einschließlich der Sonne, bestehen größtenteils aus den beiden leichtesten Elementen, nämlich Wasserstoff und Helium, mit einem nur winzigen Anteil schwerer Elemente. Die inneren („erdähnlichen“) Planeten (Merkur, Venus, Erde und Mars) bestehen jedoch größtenteils aus schwereren Elementen wie Kohlenstoff, Sauerstoff, Silicium und Eisen, aber einem nur sehr kleinen Anteil an Wasserstoff und Helium. Sie haben eine relativ geringe Größe, aber eine hohe Dichte (5,5 bis 3,9 g / cm³) und befinden sich in einem vorwiegend festen Aggregatzustand. Die äußeren („jupiterähnlichen“) Planeten (Jupiter, Saturn, Uranus, Nep-

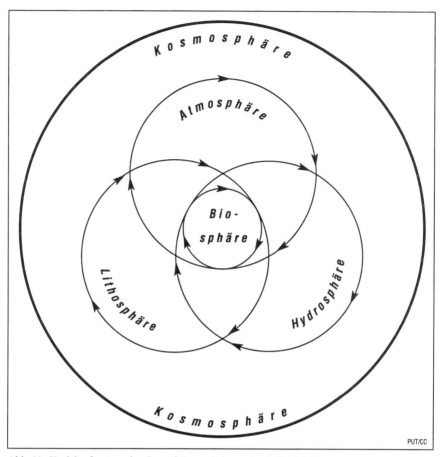

Abb. 11: Kreislaufsystem der Geosphären - Schema (vgl. Titelblatt)
        Entwurf: E. GRIMMEL

tun) sind sehr viel größer als die inneren, haben aber eine geringe Dichte
(3,9 bis 0,7 g / cm³), weil sie größtenteils gasförmig sind.

Wie sind diese auffälligen Kontraste zu verstehen, zumal Gase, aus denen
das Sonnensystem ja hauptsächlich entstanden sein soll, die Tendenz haben,
sich gleichmäßig zu vermischen? Liefert die folgende heute allgemein ver-
tretene Hypothese eine plausible Erklärung? Eine im Kosmos rotierende
Gaswolke verdichtet sich langsam unter dem Einfluss der Schwerkraft, wird
dabei wärmer, bis schließlich im Zentrum die Wasserstoffatome so stark
komprimiert sind und die Temperatur so hoch wird, dass die Kernfusion
anspringt (vgl. Kap. 1.2.) und so die Sonne entsteht, umgeben von einer sich
verflachenden Scheibe aus Gas. Zu dem Zeitpunkt, als die Sonne ihren
Fusionsreaktor in Gang setzt, sind die kühleren äußeren Partien der rotie-

renden Gasscheibe so weit komprimiert, dass das Gas zu kondensieren an-
fängt, in ähnlicher Weise wie Eis aus Wasserdampf kondensiert. Die Kon-
densate sind die Bausteine für die Planeten, Monde und alle anderen festen
Objekte des Sonnensystems. Die sonnennächsten Planeten und Monde, wo
die Temperaturen höher sind, bestehen hauptsächlich aus Substanzen, die
bei hohen Temperaturen kondensieren können, also Verbindungen, die Sauerstoff enthalten und solche Elemente wie Silicium, Aluminium, Calcium,
Magnesium und Eisen. Weiter entfernt von der Sonne, wo die Temperatur
niedriger ist, können auch schwefelhaltige Verbindungen, Wasser und
Methaneis kondensieren.

Die Entfernung von der Sonne und die Kondensationstemperatur soll also
erklären, warum die inneren Planeten hauptsächlich aus Kondensaten mit
hoher Dichte und hohem Schmelzpunkt, die äußeren Planeten jedoch aus
Kondensaten mit geringer Dichte und niedrigem Schmelzpunkt bestehen.
Die Frage jedoch, warum sich gerade im Zentrum der Gaswolke die leichte-
ste Substanz, nämlich Wasserstoff, konzentriert hat, kann diese Hypothese
nicht beantworten. Auch eine andere Frage, nämlich warum der äußerste
Planet, nämlich Pluto, hinsichtlich Größe und Dichte mehr Ähnlichkeit mit
den inneren als mit den äußeren Planeten hat, kann diese Hypothese nicht
beantworten. Ist diese Hypothese überhaupt aufrecht zu erhalten? Wohl kaum!
Warten wir ab, was uns die Astronomen demnächst erzählen werden.

Richtig scheint zumindest der bereits von LAPLACE entwickelte Gedanke von
der Kondensation einer rotierenden kosmischen Gaswolke zu sein. Wenn
wir diesen Gedanken fortsetzen, können wir postulieren, dass die Kondensation der Gaswolke zu einem kosmischen „Schnee" aus zahllosen kleinen
Felsfragmenten führte. Ein weiterer Schritt war nötig, um aus dem Schnee
die „Schneebälle", die wir Planeten nennen, zu formen. Dieser Schritt be-
inhaltete wohl das fortlaufende Wachsen von einigen Schneeakkumulationen
auf Kosten aller anderen. Dieser Vorgang wird *planetare Akkretion* genannt.
Man schätzt, dass die Kondensation der kosmischen Gaswolke und die planetare Akkretion vor etwa 4,5 Milliarden Jahren im Wesentlichen beendet
waren. Allerdings sollten wir nicht übersehen, dass die Erde auch heute noch
jeden Tag etwa 5.000 bis 10.000 t Meteoritengestein einfängt (vgl. Kap.
1.3.).

Die Kreisläufe von Sonne, Planeten und Monden resultieren also aus der
Rotation der ursprünglichen Gaswolke. Aber woher diese Gaswolke stammt
und wer sie in Rotation gebracht hat, wissen wir nicht und werden wir wohl
auch nicht herausfinden.

Wahrscheinlich sind in der Endphase der planetaren Akkretion die vier inneren Planeten so heiß geworden, dass sie zu schmelzen begannen. Denn wenn bewegte Körper kollidieren, wird die Energie ihrer Bewegung, also ihre kinetische Energie, in Wärmeenergie umgewandelt (vgl. Kap. 1.3.). Als sich die planetare Akkretion also ihrem Höhepunkt näherte, sagen wir vor 5 Milliarden Jahren, bedeutete dieses, dass die Kollisionen immer größer wurden und dass immer mehr kinetische Energie in Wärme umgewandelt wurde, so dass die inneren Planeten zu schmelzen begannen. Ihr Aufschmelzprozess führte dazu, dass schwerere eisenreiche Schmelzen zum Zentrum der Planeten absanken und leichtere zur Oberfläche aufstiegen. Vielleicht haben die Planeten in dieser Phase mit eigenem Licht geleuchtet, wenn auch wesentlich schwächer als die Sonne. Danach begann wahrscheinlich ein langsamer Abkühlungsprozess. Da die Abkühlungsrate von der Größe der Planeten bestimmt wird, kühlten die größten inneren Planeten, Venus und Erde, nur sehr langsam ab und sind deshalb auch heute noch sehr heiß.

Bei der Erde hat sich seither erst eine dünne Erstarrungskruste aus festem Gestein gebildet, die Lithosphäre. Sie hat eine Mächtigkeit von nur 30 - 60 km (vgl. Kap. 1.3.). Im Vergleich zum Erdradius (6.370 km) ist das sehr wenig. Bei einem maßstabsgerechten Erdmodell mit 30 cm Durchmesser wäre die Erdkruste nur etwa 1 mm dick.

Die Stoffdifferenzierung im Erdinnern hat wahrscheinlich auch zur Abspaltung und Ausscheidung von Luft und Wasser geführt, also zur Bildung der Atmo- und Hydrosphäre. Ohne Atmosphäre und Hydrosphäre hätte sich kein Leben auf der Erde entwickelt. Denn beide liefern lebenswichtige Rohstoffe für die Biosphäre (siehe Kap. 5).

Die Erde ist bis zum heutigen Tag ein mobiler Planet geblieben. Alle Sphären sind in Bewegung, auch die Lithosphäre, was in Anbetracht ihrer geringen Dicke im Verhältnis zum Erddurchmesser nicht verwunderlich ist. Seit Urzeiten reißt die Erdkruste hier und dort auf und bietet der Schmelze in der Tiefe freien Zutritt zur Erdoberfläche: *Vulkane* brechen aus. Krustenschollen zerbrechen oder schrammen aneinander vorbei: Die Erdkruste wird duch *Erdbeben* erschüttert.

Schauen wir uns jetzt die Stoffkreisläufe der heutigen Atmo-, Hydro-, Litho- und Biosphäre an. Um überhaupt funktionieren zu können und in Gang zu bleiben, brauchen diese Kreisläufe Energie. Sie stammt aus zwei verschiedenen Quellen: Die Hauptquelle ist die Sonne (vgl. Kap. 1.2.), die andere die Erde selbst.

Die Erde produziert Energie auf zweifache Weise: einmal dadurch, dass sie um ihre Achse rotiert und dabei ihre Massen umwälzt. Das gilt insbesondere für die irdischen Gase (Atmosphäre) und Flüssigkeiten (Hydrosphäre, Mesosphäre). Die andere irdische Energiequelle liegt im Erdinnern. Von dort wird infolge fortschreitender Abkühlung des Planeten und vielleicht auch noch anderer Prozesse Wärme nach außen abgegeben. Im Zusammenwirken mit der Rotation bilden sich dabei in der Mesosphäre komplizierte Strömungsverhältnisse aus, die auch auf die Lithosphäre einwirken und sie in Bewegung setzen. Diese im Einzelnen noch völlig unbekannten Strömungen des Erdinnern sind im Gegensatz zu den Strömungen in der Atmosphäre und Hydrosphäre außerordentlich langsam. Sie erreichen wahrscheinlich nur Millimeter- bis Zentimeterbeträge pro Jahr. Entsprechend langsam hebt oder senkt sich auch die Erdkruste, und ihre Bruchschollen driften mit Geschwindigkeiten in der erwähnten Größenordnung auf der Mesosphäre.

Die Stoffkreisläufe in den Geosphären unterscheiden sich von den kosmischen Kreisläufen dadurch, dass nicht große kompakte Körper auf festgelegten Bahnen kreisen beziehungsweise um Achsen rotieren, sondern dass bewegliche Stoffe fortlaufend ihren Aggregatzustand verändern oder neue molekulare Verbindungen eingehen und sich dabei zu kreisförmig umlaufenden Strömen anordnen. Die Stoffkreisläufe sind also gewaltigen Mischmaschinen vergleichbar, in denen die Teilchen zwar kreisartig umlaufen, in denen aber ein und dasselbe Teilchen ständig neue Wege beschreiten und neue Verbindungen eingehen muss und niemals wieder an einen Platz zurückkehrt, den es früher schon einmal eingenommen hat. Doch im Gegensatz zu einer technischen Mischmaschine, in der das Ziel der Vermischung eine Gleichverteilung der Substanzen ist, zielen die irdischen Stoffkreisläufe darauf ab, aus Gemischen neue und andere Ordnungen aufzubauen.

2. Die Atmosphäre

Die Rotation der Erde sorgt dafür, dass es eine erdumlaufende Licht- und Schatten-, also Tag- und Nachtseite gibt. Fände die Rotation nicht statt, würde die sonnenzugewandte Seite so stark aufgeheizt und die sonnenabgewandte Seite bliebe so kalt, dass auf beiden Seiten kein Leben möglich wäre. Zudem bekommt, wie wir gesehen haben, der Umlauf der Erde um die Sonne dadurch eine besondere Note, dass die Rotationsachse nicht senkrecht auf der Erdumlaufbahnebene steht, sondern mit $23\frac{1}{2}°$ von der Senkrechten abweichend geneigt ist. Dieser Besonderheit verdanken wir den Zyklus der Jahreszeiten. Anders betrachtet: indem die Erde sich ununterbrochen dreht und wendet, lässt sie alle Teile ihrer Oberfläche nacheinander in den „Genuss" der wärmenden Sonnenstrahlen kommen und vermeidet so lokale Überhitzungen und Unterkühlungen. Aber dieser Positionswechsel allein reicht noch nicht aus, um eine hinreichend ausgeglichen temperierte und somit lebensfreundliche Erdoberfläche zu schaffen. Dazu bedarf es noch der Atmosphäre, der durchsichtigen Gashülle unseres Planeten.

Die Atmosphäre umgibt die Erde bis zu einer Höhe von etwa 10.000 km über dem Meeresspiegel. Wie auch bei anderen Planeten bleiben die flüchtigen Gase nur deshalb bei der Erde, weil die Schwerkraft sie an einer Flucht in den Weltraum hindert.

Trotz ihrer verhältnismäßig geringen Dichte lastet die Lufthülle mit 1kg/ cm² auf der Erdoberfläche. Das gleiche Gewicht ergäbe eine Wassersäule von 10 m Höhe.

Gase sind im Vergleich zu Flüssigkeiten wesentlich stärker komprimierbar. Deshalb nimmt die Dichte der Atmosphäre von unten nach oben schnell ab. In 5,5 km Höhe beträgt der Luftdruck nur noch die Hälfte, in 11 km ein Viertel, in 16,5 km ein Achtel usw. des Wertes, der im Niveau des Meeresspiegels messbar ist. Fast 97 % der Luftmasse befinden sich in der Zone, die bis zu etwa 30 km Höhe reicht. 3 % verteilen sich somit auf die darüber liegende 9970 km hohe Schicht.

Verglichen mit den Atmosphären unserer benachbarten Planeten hat die Lufthülle der Erde eine eigenartige chemische Zusammensetzung: Sie besteht zu 78 Volumen-Prozent aus Stickstoff (N_2), 21 % aus Sauerstoff (O_2) und etwa 1 % aus anderen Gasen, wie Argon (0,93 %) und Kohlenstoffdioxid (0,04 %). Überraschend sind also die hohen N_2- und O_2-Anteile sowie der sehr geringe CO_2-Gehalt, im Gegensatz zu den prozentualen Werten etwa von Venus und Mars (vgl. Kap. 1.).

Neben dem normalen Sauerstoffgas (O_2) enthält die Atmosphäre der Erde auch Ozon (O_3), aber erst in größerer Höhe (20-50 km). Ozon wird durch Einwirkung der ultravioletten (UV-) Strahlung der Sonne auf das normale Sauerstoffgas gebildet. Die Ozonschicht der Atmosphäre absorbiert dann ihrerseits den größten Teil der lebensfeindlichen UV-Strahlung.

Aber nicht nur die Ozonschicht und die Magnetosphäre (vgl. Kap. 1.2.), sondern die gesamte Atmosphäre schützt das Leben auf der Erde. Einerseits lässt die Atmosphäre das sichtbare kurzwellige Sonnenlicht größtenteils bis zur Erdoberfläche durch, so dass diese durch Strahlung aufgeheizt werden kann. Andererseits übernimmt aber die Atmosphäre die Wärme von der Erdoberfläche durch Wärmeleitung, so dass sich eine wohltemperierte Gashülle bildet, in der sich das Leben entfalten kann.

Wäre das nicht so, gäbe es in jeder Nacht und an jeder Stelle der Landoberfläche Frost. Kulturpflanzenanbau wäre nur in Glashäusern möglich, die nachts geheizt werden müssten. Der Energieverbrauch würde alle menschlichen Möglichkeiten weit übersteigen. Aber die Evolution der Lebewesen hätte ohnehin einen ganz anderen Lauf genommen: Es wären nur extrem frostresistente Arten entstanden.

Im Gegensatz zum Wärmeaufnahmeeffekt der unteren Atmosphäre *(Troposphäre)* hat die obere Atmosphäre *(Stratosphäre)* hauptsächlich einen Strahlenschutzeffekt. Die uns bereits bekannte Ozonschicht und weitere darüber folgende Schichten absorbieren die unsichtbaren kurzwelligen und lebensfeindlichen Spektralbereiche des Sonnenlichts und halten diese von der Biosphäre fern. Hierzu gehören die Gamma-, Röntgen- und der größte Teil der UV-Strahlen. Außer der Aufgabe, das irdische Leben vor schädlichen kosmischen Strahlen und vor zu schnellem Wärmeverlust zu schützen, hat die Atmosphäre die Funktion, Baustoffe des Lebens zu liefern, ohne die es keine Photosynthese und Atmung gäbe (siehe Kap. 5.1.), sowie N_2, ohne das keine Eiweißsynthese möglich wäre (siehe Kap. 5.2.).

2.1. Der Luftkreislauf

Damit die Atmosphäre möglichst gleichmäßig temperiert ist, setzt die Natur den „Ventilator" der atmosphärischen Zirkulation ein. Dieser sorgt auch dafür, dass die verschiedenen Gase der Atmosphäre bis in etwa 100 km Höhe gleichmäßig durchmischt werden und sich nicht entsprechend dem Molekulargewicht schichtenweise absetzen. Vor allem aber führt die atmosphärische Zirkulation den Wärmeüberschuss der niederen Breiten der Erde den defizitären höheren Breiten zu.

Das Transportmittel für die Wärme ist die Luft. Der Transport funktioniert folgendermaßen: Erwärmte Luft dehnt sich aus und verliert an Dichte, erhält also einen Auftrieb und steigt auf. Abkühlende Luft verhält sich umgekehrt. Eine solche Luftströmung können wir sogar im Haus herstellen: Öffnen wir die Tür zwischen einem geheizten und einem ungeheizten Zimmer, fließt aus dem kalten Zimmer die dichtere Luft am Boden in das warme Zimmer, während die weniger dichte Luft aus dem warmen Zimmer oben durch die Tür hindurch in das kalte Zimmer strömt. So entsteht ein Luftkreislauf, der so lange andauert, bis sich die beiden Luftmassen durch Wirbelbildung völlig vermischt und den Mittelwert der beiden Ausgangstemperaturen angenommen haben.

Den gleichen Effekt können wir bei ruhigem, klarem Wetter auch draußen in der Natur beobachten, besonders an Küsten. Dort führt die schnellere Erwärmung der Land- gegenüber der Wasserfläche im Laufe des Tages zu einem Luftaufstieg über Land, dem ein schwacher Wind vom kühleren Meer her folgt. In der Höhe biegt die aufsteigende Warmluft in Richtung Meer um und sinkt schließlich wieder ab, um den Kreislauf zu schließen. Abends und nachts kehrt sich die Windrichtung um, weil das Land schneller abkühlt als das Wasser, das eine größere Wärmespeicherfähigkeit als das Land besitzt (Abb. 12). Einen ähnlichen Luftkreislauf gibt es im Gebirge in Gestalt von Berg- und Talwinden.

In den Bereichen absteigender Luft wird der Luftdruck größer, in Bereichen aufsteigender Luft wird er kleiner. Man spricht deshalb von *Hoch-* und *Tiefdruckgebieten*. In Tiefdruckgebieten kühlt sich die Luft beim Aufstieg ab, so dass es durch Kondensation des in der Luft enthaltenen Wasserdampfs zu Wolken- und später Regenbildung kommt. In Hochdruckgebieten dagegen erwärmt sich die Luft beim Abstieg: die Wolken lösen sich auf, und die Sonne scheint.

So einfach im Kleinen wie im Großen der thermisch bedingte Luftkreislauf im Prinzip auch funktioniert, so ist doch die wirkliche atmosphärische Zir-

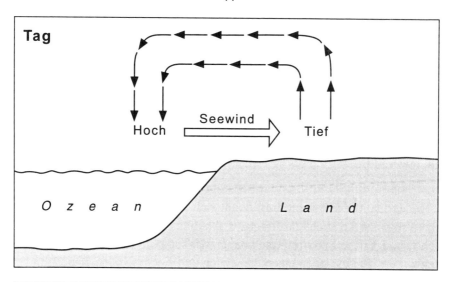

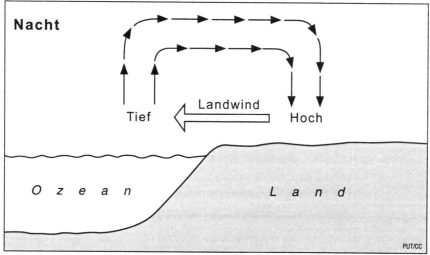

Abb. 12: Entstehung des See- und Landwindes an Küsten
Quelle: STRAHLER 1989, S. 82

kulation der Erde wesentlich komplizierter. Der große Luftkreislauf der Erde, zwischen niederen und höheren Breiten, hat nämlich nicht nur eine thermische Kraftkomponente, sondern zusätzlich noch eine dynamische, die sich aus der Rotation der Erde ergibt.

Würde die Erde nicht um ihre Achse rotieren, gäbe es in der Atmosphäre einen ziemlich einfachen Luftkreislauf, allerdings nur auf der Sonnenseite: In den stärker erwärmten niederen Breiten der Erde würde die Luft aufsteigen, in der Höhe nach Norden und Süden umbiegen, in den mittleren und höheren Breiten wieder absteigen und über der Erdoberfläche zu den äquatornahen Gebieten zurückfließen. Hinzu käme auch noch ein breitenparalleler Kreislauf zwischen Sonnen- und Schattenseite.

Welche Wirkung hat die Erdrotation auf die atmosphärische Zirkulation? Auf der rotierenden Erde bewegt sich ein Ort um so schneller, je weiter er von den beiden ruhenden Polen entfernt ist. Die höchste Geschwindigkeit erreicht er auf dem Äquator mit 1667 km/h; in 30° Breite sind es 1441 km/h, in 60° nur noch 835 km/h. Wenn die Atmosphäre an der Rotation nicht teilnähme, würden tatsächlich solche kaum vorstellbaren Windgeschwindigkeiten in den jeweiligen Breiten herrschen. Doch zum Glück macht die Atmosphäre die Rotation der festen Erde mit, aber eben nicht ganz. So bekommt beispielsweise ein „Luftpaket", das vom Äquator aus nach Norden „geschickt" wird, einen Impuls von höherer Geschwindigkeit, als bei seiner anschließenden „Reise" die Erdoberfläche unter ihm aufweist. Da die Erde von Westen nach Osten rotiert, dreht das mobile Luftpaket also aus der ursprünglichen Nord- über die Nordost- schließlich in die Ostrichtung („Westwind"). Umgekehrt kann ein vom Nordpol zum Äquator reisendes Luftpaket der sich immer schneller drehenden Erdoberfläche nicht folgen und wird deshalb aus der ursprünglichen Süd- über die Südwest- in die Westrichtung („Ostwind") umgelenkt.

Diese ablenkende Kraft wird nach ihrem Entdecker, dem französischen Physiker und Mathematiker GASPARD GUSTAVE CORIOLIS (1792-1843), als *Corioliskraft* bezeichnet. Sie ist also dafür verantwortlich, dass bewegte Luft auf der Nordhalbkugel generell nach rechts, auf der Südhalbkugel generell nach links abgelenkt wird. Sie sorgt dafür, dass die vom Äquator zu den Polen hin gerichtete relativ warme Höhenströmung in den mittleren Breiten der Erde zu einem Westwind wird, auf beiden Halbkugeln. In dieser Zone werden die kalten polaren Luftmassen mit den warmen tropischen Luftmassen durch Wirbelbildung vermischt. Dabei bilden sich auf den polarwärtigen Abschnitten hauptsächlich Tiefdruckgebiete, die von Westen nach Osten wandern. Auf den äquatorwärtigen Abschnitten dagegen werden weitgehend stabile Hochdruckgebiete aufgebaut, aus denen in Richtung Äquator die *Passatwinde* herausströmen, auf der Nordhalbkugel der Nordostpassat, auf der Südhalbkugel der Südostpassat.

Die beiden Passatwinde treffen in der *äquatorialen Tiefdruckzone* aufeinander. Denn dort heizt die Sonne die Erde am stärksten auf und zwingt so die Luft zu einem kräftigen Aufstieg, in den die Passatwinde einbezogen werden. Deshalb kommt es in dieser Zone zu den häufigsten und heftigsten Regenfällen auf der Erde (Abb. 13, 14). Der globale Luftkreislauf ist geschlossen.

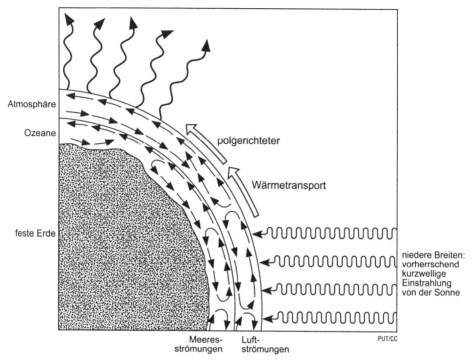

Abb. 13: Der globale Wärmetransport durch Luft- und Meeresströmungen von niederen in höhere Breiten (schematisch)
Quelle: STRAHLER 1989, S. 80

Dies ist, sehr vereinfacht dargestellt, der globale Luftkreislauf, der zu einem wirksamen thermischen Ausgleich zwischen warmen niederen und kalten höheren Breiten führt. Die wirkliche Zirkulation – beeinflusst durch den Wechsel von Tag und Nacht, das spiralförmige „Wandern" des Sonnenstandes vom nördlichen zum südlichen Wendekreis und zurück im Laufe eines Jahres, die ungleiche Verteilung von Land-, Wasser- und Eisflächen an der Erdoberfläche, die Richtung und die Höhe von Gebirgsketten auf dem Festland sowie die unterschiedliche Vegetationsbedeckung – ist im räumlichen Nebeneinander und zeitlichen Nacheinander natürlich noch sehr viel komplizierter. Sie ist so kompliziert, dass die Experten oft nicht in der Lage sind, für mehr als ein bis zwei Tage eine Wetterprognose abzugeben, geschweige denn eine langfristige Klimaprognose.

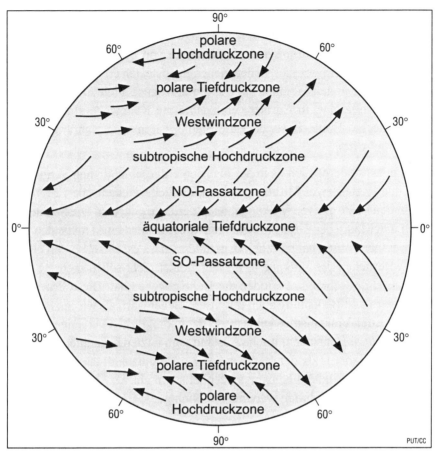

Abb. 14: Schema der planetarischen Luftdruckgürtel und der daraus resultierenden
Windsysteme in der Nähe der Erdoberfläche
Quelle: Wetter und Klima 1989, S. 117

2.2. Eruptionen und Klima

Die Eruptionen der indonesischen Vulkane *Krakatau* (1883) und *Tambora*
(1815) haben globale klimatische Folgen gehabt.

Der Krakatau schleuderte etwa 20 km³ Asche bis zu 80 km empor. Im Umkreis von 150 km herrschte tagelang fast völlige Dunkelheit. Die Asche-
wolken umrundeten den Planeten mehrmals. Die Sonneneinstrahlung auf
der Erde wurde noch im folgenden Jahr um mehr als 10 % verringert. Fünf
Jahre lang wurden auf der ganzen Erde ungewöhnliche Farben bei Sonnen-
auf- und -untergängen beobachtet.

Der Ausbruch des Tambora war noch wesentlich stärker als der des Krakatau. Er warf die acht- bis neunfache Menge Asche aus. Im nachfolgenden
Jahr wurden sogar Europa und Nordamerika von einem ungewöhnlichen
Kälteeinbruch heimgesucht. In den Neuenglandstaaten erfror ein großer Teil
der Maisernte in den Monaten Juni, Juli und August. Viele Farmer gerieten
in existentielle Not. In Europa verursachte die Kältewelle ebenfalls eine
sehr schlechte Ernte. Besonders die Städte waren vom Nahrungsmangel
schwer betroffen.

Auch in Mitteleuropa hat es in der jüngsten erdgeschichtlichen Vergangenheit, den letzten zwei Millionen Jahren, ähnliche vulkanische Eruptionen
wie in den heute aktiven Vulkangebieten der Erde gegeben. Die Schlacken-
kegel und Maare der Eifel sind während dieser Zeitspanne entstanden. Erst
vor wenigen Jahren hat man herausgefunden, dass es zwischen den einzelnen Ausbrüchen der Vulkane in diesem Gebiet nicht selten mehrere Jahr-
zehntausende währende Perioden der Ruhe gegeben hat. Diese Erkenntnis
ist insofern von Bedeutung auch für unsere Gegenwart, als wir jetzt wissen,
dass der Eifel-Vulkanismus keineswegs der geologischen Vergangenheit an-
gehören muss. Denn der zeitliche Abstand vom letzten bekannten Ausbruch
vor 12.000 Jahren, als der Laacher-See-Kessel entstand, lässt die Auffassung, dass der Eifel-Vulkanismus beendet sei, nicht zu. Mit anderen Worten: ein erneuter Ausbruch wäre nur für Nichtgeologen überraschend.

In einer solchen Situation wäre es durchaus möglich, dass über weite Teile
Mitteleuropas vulkanische Aschen gestreut würden, ebenso wie es beim
Ausbruch des Laacher-See-Kessels in der Mitte des 10. Jahrtausends v. Chr.
geschehen ist. Die Laacher-See-Aschen wurden noch in Südschweden und
Norditalien gefunden. Eine solche Aschendecke hätte für die mitteleuropäische Kulturlandschaft keineswegs nur verheerende Folgen, vorausgesetzt,
sie wäre nicht dicker als einige Millimeter bis Zentimeter. Denn basaltische
(= basische) Aschen würden die Fruchtbarkeit der Böden Mitteleuropas
wesentlich verbessern.

Bei jeder größeren vulkanischen Eruption gelangen aber nicht nur fruchtbare Aschen, sondern auch schädliche schwefel- und chlorhaltige Gase in die
Stratosphäre. Durch all diese Substanzen wird die Ozonschicht vorüberge-
hend reduziert. Auch saurer Regen geht teilweise auf das Konto von Vulkanen.

Eine Eruption besonderer Art begann am 26. April 1986 um 1.26 Uhr in der
Ukraine; sie dauerte vierzehn Tage. Es war eine „anthropogene" Eruption:
der Brand im Atomkraftwerk Tschernobyl. Zwar hat dieser Brand keine nach-
weisbaren Auswirkungen auf das Klima der Erde gehabt, aber seine langfri-

stigen radiologischen Folgen für das Leben auf unserem Planeten sind viel verheerender als die kurzfristigen klimatischen Folgen großer Vulkanausbrüche. Während in die Luft beförderte und erdweit verteilte basische vulkanische Aschen sogar die Böden düngen, belasten die beim Brand in Tschernobyl freigesetzten radioaktiven Stoffe die gesamte Erdoberfläche für Jahrhunderte und länger durch radioaktive Strahlung.

Denn wie bei großen Aschenausbrüchen von Vulkanen sind auch über Tschernobyl die Rauchwolken, in diesem Fall durch den Feuersturm, in so große Höhen getrieben worden, dass sie mit dem Luftkreislauf sechsmal um die Erde gezogen sind. Der radioaktive „Fallout" und „Washout" der Rauchwolken von Tschernobyl ist nicht nur in ganz Europa, sondern auch in Nordamerika und sogar in Australien nachweisbar.

In Indonesien starben durch die direkten und indirekten Folgen der beiden Vulkanausbrüche im 19. Jahrhundert zehntausend Menschen. Durch die Strahlen von Tschernobyl werden von den jetzt lebenden Menschen einige Millionen vor allem an Krebs erkranken und qualvoll sterben. Weitere Millionen werden vielfältige genetische Schäden erleiden, unter denen zahllose nachfolgende Generationen zu leiden haben. Ein Lebensraum von der Größe der Niederlande ist für Jahrtausende unbewohnbar und unbewirtschaftbar geworden – und das allein auf Grund der Tatsache, dass nur etwa die Hälfte des radioaktiven Materials eines einzigen Reaktors der mehr als vierhundert zurzeit auf der Erde betriebenen Atomkraftwerke freigesetzt wurde.

Die Katastrophe von Tschernobyl ist das Ergebnis eines leichtfertigen Umgangs mit einer extrem gefährlichen Technologie. Doch wie sind die Atomwaffentests zu bewerten, bei denen vor allem in den 1950er Jahren absichtlich ganze Lebensräume hochgradig verstrahlt und zahllose Menschen, ohne dass diese es ahnten, als Versuchstiere, unter anderem zur Erforschung von Strahlenerkrankungen, verbraucht wurden?

Wie bei Tschernobyl sind die „Atompilze" damals von ihren „Eruptionspunkten" in der Südsee und in Südaustralien, in Nevada und in Kasachstan um die ganze Erde verweht worden. Auf jedem Quadratmeter der Erdoberfläche können seither Plutonium- und andere radioaktive Isotope gemessen werden, die zu einem Bestandteil des Biozyklus und zur Ursache einer unbestimmbaren Zahl von Krebs- und anderen Erkrankungen der jetzt lebenden und zukünftiger Generationen geworden sind. Man schätzt, dass allein bis zum Ende des vergangenen Jahrhunderts mehr als zwei Millionen Menschen an Krebs erkrankt oder gestorben sind als „Preis" für die Vorbereitung auf zukünftige Atomkriege.

Wie man seit den Atombombenabwürfen im Zweiten Weltkrieg auf Hiroshima und Nagasaki weiß, erzeugt die Explosion jedes atomaren Sprengsatzes Hitze, Druck und Radioaktivität. Durch die sich mit Lichtgeschwindigkeit ausbreitende Hitzewelle werden im Umkreis von mehreren Kilometern alle Lebewesen und kleinere Gegenstände (zum Beispiel Autos) verdampft oder geschmolzen. Die sich mit Überschallgeschwindigkeit bewegende Druckwelle fegt in dieser Zone fast alle Gebäude hinweg. Weit darüber hinaus entfaltet die Radioaktivität ihre Zerstörungskraft, wobei der Tod umso schneller eintritt, je höher die Strahlendosis ist, die ein Organismus absorbiert. Doch diese Vorstellung reicht zum Begreifen eines unkontrolliert ausufernden Atomkriegs, der nicht grundsätzlich auszuschließen ist, bei weitem nicht aus. Ein derartiges „Szenario" würde folgendermaßen weitergedacht werden müssen:

Nachdem die Bombendonner verhallt sind, jagen gigantische Flächenbrände über das Land, angefacht von Feuerstürmen. Alles Brennbare brennt: Wälder, Felder, Tanks, Fabriken, Dörfer und Städte. Eine Gas-, Rauch- und Staubwolke mit Kohlenstoffmonoxid, Cyaniden, Dioxinen, Radionukliden etc. steigt bis in die höchsten Schichten der Atmosphäre empor. Selbst mittags ist es dunkel. Die Temperaturen fallen sogar im Sommer auf viele Grad unter Null. Binnengewässer sind von einer mächtigen Eisdecke überzogen. Was nicht verbrannt ist, verhungert, verdurstet, erfriert oder geht an Strahlenkrankheiten zugrunde: Menschen, Tiere und Pflanzen. Die Dunkelheit hält wochenlang, die Kälte monate-, vielleicht jahrelang an. An Land überleben wahrscheinlich nur Mikroben, vielleicht auch Gräser und Insekten.

Diesen „nuklearen Winter" hat der niederländische Chemiker PAUL CRUTZEN im Jahre 1982 „entdeckt" beziehungsweise „errechnet". Vielleicht hat er damit den „Nuklearstrategen" die Illusion genommen, einen unbegrenzten Atomkrieg gewinnen zu können. Es wäre kein Krieg zwischen Feinden, es wäre ein Krieg gegen das Leben auf der Erde.

Die gegenwärtige (2004) Regierung der größten „Atommacht", nämlich der Vereinigten Staaten von Amerika, hat daraus eine abwegige Konsequenz gezogen: Sie lässt jetzt anstelle der bisherigen großen atomaren Sprengsätze wesentlich kleinere „Mini-Nukes" entwickeln, die gezielt für spezielle Objekte mit großer lokaler Wirkung eingesetzt werden können. Damit wird aber die bisher sehr wirksame Abschreckung mit dem Szenario eines unbegrenzten Atomkriegs unterlaufen. Und aus Einsätzen von Mini-Nukes kann dann leichter als vorher ein großer Atomkrieg eskalieren!

Darüber hinaus bedrohen auch die militärisch oder zivil genutzten Chemie-betriebe die Umwelt, und noch größer ist die Gefahr, die von biologischen Laboratorien und Produktionsstätten ausgeht, in denen Mikroorganismen gezüchtet oder gar gentechnisch umfunktioniert werden. Deren beabsichtigte oder unbeabsichtigte Freisetzung kann unvorstellbare Folgen für Menschen, Tiere und Pflanzen haben (siehe Kap. 5. 2.).

Solche Katastrophenpotentiale gibt es in vielen Industriegebieten der Erde. Wir leben also ständig nicht nur mit atomaren, sondern auch mit chemischen und biologischen Risiken gigantischen Ausmaßes. Naturkatastrophen (z.B. kosmische Kollisionen, Erdbeben), technische Pannen, terroristische Anschläge und Kriege können zur plötzlichen „Eruption" großer Mengen hochradioaktiver, hochtoxischer oder hochinfektiöser Substanzen in die Atmosphäre führen und weite Landstriche oder gar die ganze Eroberfläche verseuchen; denn der Luftkreislauf sorgt für eine erdumfassende Verteilung aller Stoffe.

2.3. CO_2 – ein Klimagift?

Eruptionen von Vulkanen sowie Modellrechnungen zu den möglichen Folgen eines großen Meteoriteneinschlags oder eines Atomkriegs haben uns gelehrt, dass sich das Klima schnell ändern kann. Gegenwärtig werden große Befürchtungen gehegt, dass die Menschen das irdische Klima nicht nur durch den Einsatz von Atomwaffen, sondern auch auf „sanfte" Art aus dem Gleichgewicht bringen könnten.

Eine besondere Gefahr sehen die meisten Klimaforscher in der fortschreitenden Freisetzung von Kohlenstoffdioxid (CO_2) durch Verbrennung von Holz, Erdöl, Erdgas und Kohle. Dadurch werde, argumentieren sie, der „Treibhauseffekt" der Erdatmosphäre verstärkt. Als Folge zeichne sich eine „Klimakatastrophe" ab, charakterisiert durch Zunahme der Temperaturen, Abschmelzen der Gletscher, Anstieg des Meeresspiegels, Überflutung weiter Küstenländer sowie die Verschiebung der Klimazonen der Erde, gefolgt von Völkerwanderungen, Hungersnöten, Konflikten und Kriegen. Einige Klimapropheten bezeichnen CO_2 sogar als „Klimagift".

Um die Tragfähigkeit solcher Prognosen bewerten zu können, müssen wir die Klimageschichte der Erde betrachten. Die Paläoklimatologie lehrt uns, dass sich, infolge natürlicher Prozesse, das Klima unseres Planeten im Laufe seiner Entwicklung häufig verändert hat. Dafür lassen sich viele Gründe anführen, ohne dass man den einen oder anderen Prozess allein als Ursache bestimmter Klimaänderungen von einer Phase zur nächsten verantwortlich machen kann. Die Entwicklung des Klimas hängt davon ab, wie sich die solare Einstrahlung, die Gestalt der elliptischen Erdumlaufbahn um die Sonne, der Neigungsgrad und die Neigungsrichtung der Erdachse gegen die Umlaufbahnebene, die Verteilung von Land und Meer, Hoch- und Tiefländern, die Zusammensetzung der Atmosphäre (Vulkanausbrüche, kosmische Kollisionen) und die Vegetationsbedeckung der Kontinente im Laufe der Erdgeschichte verändert haben.

Wir wissen bis heute nicht, warum es in den letzten 2 Millionen Jahren auf der Erde relativ kalt geworden ist, nachdem es vorher viele Jahrmillionen lang tropisch warm war. In der *Tertiärzeit* (vor 60 – 2 Millionen Jahren) wuchsen in Nordpolnähe, auf Grönland und Spitzbergen, subtropische Wälder. Wir wissen auch nicht, warum in der *Quartärzeit* (2 Millionen Jahre vor unserer Zeit bis heute) ein mehrfacher Wechsel von kälteren und wärmeren Perioden auftrat. Heute leben wir in einer solchen Wärmeperiode, in der es aber wie gesagt, längst nicht so warm ist wie vor der Quartärzeit.

Ob eine fortschreitende CO_2–Freisetzung überhaupt zu einer Klimakatastrophe mit den befürchteten negativen Merkmalen führt, ist fraglich. Unbestritten ist, dass der CO_2-Anteil der Atmosphäre in den vergangenen hundert Jahren um etwa 25 % gestiegen ist. Aber was bedeutet ein Anstieg von 25 %, wenn jetzt in der Atmosphäre nur 0,05 % CO_2 enthalten sind, gegenüber 21 % Sauerstoff und 78 % Stickstoff? Die ersten beiden Zahlen sind von besonderer Bedeutung, und zwar deshalb, weil sie keine Konstanten sind, wie wir erst seit wenigen Jahrzehnten wissen. Die „Uratmosphäre" der Erde enthielt nämlich bis vor 3 Milliarden Jahren wahrscheinlich noch gar keinen freien Sauerstoff. Der heutige Anteil von 21 % ist ein Ergebnis der Evolution der Pflanzen, die den Sauerstoff bei der Photosynthese nach und nach freigesetzt haben, auf Kosten des CO_2-Gehalts der Atmosphäre, der anfangs mehr als 20 % betrug. Der Kohlenstoff ist dabei größtenteils in kohlenstoffhaltigen Sedimentgesteinen der Erdkruste fixiert worden. Die bekanntesten sind die fossilen Brennstoffe in Gestalt von Kohle, Erdöl und Erdgas. Hinzu kommen die weniger bekannten Karbonatgesteine ($CaCO_3$, $MgCO_3$), für deren Bildung ebenfalls CO_2 verbraucht wurde. Sie sind ein Ergebnis der Verwitterung der primären Gesteine der Erdkruste (siehe Kap. 4.1.).

Falls wir also in den vergangenen hundert Jahren vorwiegend durch Verbrennung der fossilen Brennstoffe den CO_2-Anteil der Atmosphäre wieder von 0,04 auf 0,05 % angehoben haben sollten, sind wir noch weit entfernt von dem, was die Natur in der Vergangenheit in umgekehrter Richtung geleistet hat. Deshalb überrascht es auch nicht, dass sich die Klimaprognostiker so schwer tun, für die vergangenen hundert Jahre einen CO_2-bedingten Temperaturanstieg auf der Erde nachzuweisen.

Dabei übersehen sie gern die Tatsache, dass die global gemittelten Temperaturen zwischen 1940 und 1970 zurückgingen, obwohl der CO_2-Gehalt der Atmosphäre zunahm. Dänische Astrophysiker haben in den vergangenen Jahren immer wieder betont, dass der Temperaturverlauf nicht mit dem CO_2-Gehalt der Atmosphäre, sondern mit dem Sonnenfleckenzyklus korreliert: Je häufiger ein Sonnenfleckenmaximum auftritt, desto wärmer wird es auf der Erde. Bezeichnenderweise traten zwischen 1940 und 1970 Maxima nicht so häufig auf wie vorher und nachher. Und wie bereits in Kap. 1.2. erwähnt, waren in der „Kleinen Eiszeit" zwischen 1645 und 1715 überhaupt keine Sonnenflecken zu beobachten.

Aber nehmen wir einfach – wider besserer Einsicht – mit der Mehrheit der heutigen Klimaforscher an, dass es durch anthropogene CO_2-Freisetzung auf der Erde wärmer geworden sei und dass es noch wärmer werden würde. Muss es dann zu einer Entwicklung entsprechend dem vorher skizzierten Katastrophen-Szenario kommen? Keineswegs. Denn höhere Temperatur bedeutet zumindest höhere Verdunstung, verstärkte Wolkenbildung und mehr Regen. Eine dichtere Wolkendecke würde aber auch mehr Sonnenlicht als bisher in den Weltraum reflektieren, was zur Folge hätte, dass sich die Beheizung von Erdoberfläche und Atmosphäre verringerte. Andererseits würde ein erhöhter Wasserdampfgehalt der Atmosphäre den „Treibhauseffekt" verstärken. Falls in der Bilanz doch eine Aufheizung stattfände, würde die dann höhere Luftfeuchte der erwärmten Atmosphäre auf dem bisher extrem trockenen antarktischen Kontinent mit seiner Gletschereisdecke vielleicht zu verstärkten Schneeniederschlägen führen? Würde also der Meeresspiegel gar nicht steigen, sondern fallen? Und zwar so lange, bis sich ein neues Gleichgewicht zwischen weiterem Gletscheraufbau auf dem antarktischen Kontinent und peripherem Gletscherabbau im Südpolarmeer einstellt?

Auf jeden Fall würden sich die heutigen subpolaren Dauerfrostbodengebiete durch eine Erwärmung verkleinern und wahrscheinlich auch die subtropischen Wüstengebiete, da sich die globale Niederschlagsmenge erhöhen würde.

Halten wir also fest: Natürliche Klimaänderungen und Klimaschwankungen unterschiedlicher Dauer und Intensität hat es in der erdgeschichtlichen

Vergangenheit häufiger gegeben, und es wird sie auch in Zukunft geben. Eine CO_2-bedingte Temperaturerhöhung gibt es entweder gar nicht, oder sie ist allenfalls von sehr untergeordneter Bedeutung. Nach dem heutigen Kenntnisstand scheint vor allem die Sonne das irdische Klima zu machen. Allerdings bestehen bisher noch nicht hinreichend geklärte komplexe Wechselwirkungen zwischen Sonnenwind, Erdmagnetfeld und atmosphärischer Wolkenbildung, die über wechselnde Wolkenmengen zu größerer oder geringerer Rückstrahlung der Sonnenenergie in den Weltraum führen und so den Temperaturverlauf steuern. Nach neueren Erkenntnissen scheint auch die kosmische Hintergrundstrahlung in diesem Wirkungsgefüge eine Rolle zu spielen.

Sehr bedenklich ist die Tatsache, dass die „CO_2-Feinde" diese Erkenntnisse unverständlicherweise nicht zur Kenntnis nehmen und gebetsmühlenhaft ihre Irrmeinungen wiederholen und die öffentliche Meinung bereits so weit geprägt haben, dass „CO_2-Reduktionen" zu einem weltweiten politischen Programm geworden sind.

Zwar ist gegen eine CO_2-Reduktion nichts einzuwenden; denn der bisher hemmungslose Verbrauch der fossilen Brennstoffe wird zu Gunsten zukünftiger Generationen reduziert werden. Die Menschen verbrauchen heute in einem Jahr so viel Erdöl, wie die Natur in etwa 6 Millionen Jahren produziert hat. Die Ressourcen gehen zur Neige. Aber leider liefert die Warnung vor dem „CO_2-Phantom" auch Argumente für eine sehr schlechte Politik: den Ausbau der Atomenergiegewinnung. Andererseits liefert die Warnung auch Argumente für eine gute Politik: den Ausbau der Nutzung regenerativer Energiequellen (siehe Kap. 4.4.)

Eine besondere Gefahr für das Klima und das Leben der Erde soll aus einem Abbau der Ozonschicht der Erde, in zwanzig bis fünfzig Kilometer Höhe über der Erdoberfläche, resultieren, ausgelöst vor allem durch von uns freigesetzte naturfremde Fluorchlorkohlenwasserstoffe (FCKWs). Zweifellos können wir nicht auf die Ozonschicht, den Schutzschild gegen die lebensfeindliche UV-Strahlung der Sonne, verzichten. Ohne sie wäre zwar Leben im Wasser, aber kaum an Land möglich. Aber ob die Ozonschicht wirklich durch die FCKWs abgebaut wird, ist zweifelhaft. Ich werde die Frage in Kapitel 5.1. noch einmal aufgreifen.

Sicherlich sollten wir uns an die Maxime halten, bei unseren industriellen Produktions- und Konsumptionsprozessen möglichst keine Stoffe in die Atmosphäre zu leiten, die es dort von Natur aus nicht oder in wesentlich geringeren Mengen gibt, als von uns hinzugefügt werden. Zu diesen Schadstoffen zählen neben den künstlichen Radionukliden auch zahlreiche andere chemische Substanzen, die meist bei Verbrennungsprozessen in Industrie, Verkehr und Haushalten entstehen und als Gase und Stäube freigesetzt werden.

Zu den Luftschadstoffen gehören auch die von der Landwirtschaft über den Feldern versprühten Biozide. Denn diese landen nicht nur auf den Pilzen, Unkräutern und Insekten, gegen die sie eingesetzt werden. Ein großer Teil geht als Gas oder Aerosol in die Luft über und wird vom Wind fortgeweht. Wahrscheinlich ist der Anteil der Herbizide am Baum- und Waldsterben viel größer, als bisher bekannt ist oder zugegeben wird.

Eine genaue analytische Untersuchung aller möglichen Wechselwirkungen der Luftschadstoffe miteinander, mit den Bestandteilen der Luft und mit den Lebewesen wäre die Voraussetzung für eine umfassende Einschätzung der Gefahren – aber genau dies ist leider prinzipiell aus Komplexitätsgründen nicht möglich. Folglich wissen wir auch nicht, welche Zwischen- und Endglieder der luftchemischen Reaktionsketten es überhaupt gibt und wie sich diese in den Geosphären auf lange Sicht auswirken werden. CO_2 gehört jedenfalls nicht zu den Schadstoffen der Atmosphäre; im Gegenteil, es ist lebensnotwendig (siehe Kap. 5.1.).

3. Die Hydrosphäre

Wasser ist der einzige Stoff der Erde, der unter den gegebenen Klimaverhältnissen in den drei chemischen Zustandsformen auftritt. In *gasigem* Zustand ist Wasser ein Bestandteil der Atmosphäre. In *flüssigem* Zustand bildet es *Meere, Seen, Flüsse, Boden-* und *Grundwasser.* In *festem* Zustand bedeckt es als *Schnee-* oder *Gletschereisdecke* Festländer, oder es tritt als *Meer-, See-* und *Flusseisdecke* auf. Darüber hinaus kann es in festem Zustand als *Bodeneis* erscheinen und einen Frostboden bilden. Dauernd gefrorene Böden höherer Breiten der Erde werden als *Permafrostböden* bezeichnet.

Der feste Komplex aus Schnee und Eis wird manchmal auch als *Kryosphäre* (Eissphäre) aus der Hydrosphäre ausgegliedert, und der Begriff Hydrosphäre bezeichnet oft nur den flüssigen Komplex aus Meer-, See-, Fluss- und Grundwasser. Doch es ist sinnvoller, die gesamte Sphäre, in der Wasser auftritt, als Hydrosphäre zu bezeichnen, unabhängig von der Zustandsform des Wasser.

3.1. Der Wasserkreislauf

Der Wasserkreislauf funktioniert nur, wenn Wasser seine Zustandsformen gasig und flüssig wechselt. Damit es den gasigen Zustand überhaupt annehmen kann, ist, wie gesagt, die Anwesenheit der Atmosphäre erforderlich. Aber erst der Luftkreislauf der Atmosphäre sorgt dafür, dass Wasserdampf (= Wassergas) abtransportiert werden kann. Ohne den Luftkreislauf gäbe es auch keinen Wasserkreislauf (Abb. 15).

Der vom Wind über Meer und Land durch Verdunstung aufgenommene Wasserdampf wird so lange weitertransportiert, bis er infolge der Abkühlung der Luft zu Tröpfchen kondensiert und Niederschlag bildet. Solange also das gasförmige Wasser mit der Luft transportiert wird, nimmt es auch am Luftkreislauf teil, und es verlässt diesen erst, wenn es, als Regen, Schnee oder Eis, auf Land- und Wasserflächen fällt.

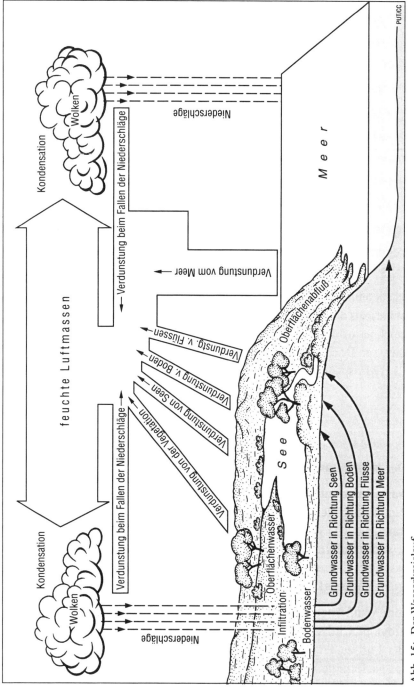

Abb. 15: Der Wasserkreislauf
Quelle: STRAHLER 1989, S. 221

Die auf Landoberflächen fallenden Niederschläge folgen verschiedenen Wegen. Ein Teil wird von den oberirdischen Pflanzenteilen abgefangen und sofort wieder verdunstet, wenn es aufgehört hat zu regnen. Der größte Teil gelangt jedoch auf den Boden. Dort kann das Wasser entweder versickern oder an der Bodenoberfläche abfließen.

Versickert das Wasser, gelangt es zunächst an die Wurzeln der Pflanzen. Diese nehmen einen Teil des Wassers auf und benutzen ihn zu ihrem Bau- und Betriebsstoffwechsel. Das heißt, einen Teil benutzen sie zum Aufbau ihres Organismus, den anderen zum Transport von Nährstoffen aus dem Boden in den Pflanzenkörper hinein. Dieses Wasser wird anschließend durch die Blätter verdunstet.

Das Bodenwasser, das die Pflanzenwurzeln nicht verbrauchen, kann in den Poren des Bodens wieder aufsteigen und auf der Bodenoberfläche verdunsten. Bei länger andauernden und ergiebigen Regenfällen versickert Wasser bis in den tieferen Untergrund und wird dort zu Grundwasser. An der Erdoberfläche abfließendes Regenwasser sammelt sich in Rinnsalen, Bächen und Flüssen und vereinigt sich mit Grundwasser, das auf den Talgründen wieder an das Tageslicht kommt. Mit den Strömen gelangt das Wasser schließlich in das Meer zurück.

Schneeniederschläge können in Form von Schnee, Firn (verdichteter Schnee) oder Gletschereis (umkristallisierter Firn) über kürzere oder längere Zeitspannen in den mittleren oder höheren Breiten sowie in den Hochgebirgen der Tropen und Subtropen gespeichert werden, bevor sie in den Wasserkreislauf zurückkehren.

Der Wasserkreislauf wird also durch die physikalischen Prozesse der *Verdunstung*, der *Kondensation*, des *Niederschlags* und des ober- und unterirdischen *Abflusses* bestimmt. Dabei kommt es zu einem ständigen Wasseraustausch zwischen den verschiedenen *Wasserspeichern* auf, in und über der Lithosphäre:

Betrachtet man die in den Speichern enthaltenen Wassermengen, ergibt sich das folgende überraschende Bild: etwa 97,2 % des Wassers halten die Weltmeere, 2,15 % die Gletscher, 0,62 % das Grundwasser, 0,017 % die Seen und die Binnenmeere, 0,002 % die Luft und die Lebewesen und nur 0,0001 % die Flüsse. Allerdings ist jährlich nur etwa 1 ‰ der irdischen Gesamtwassermenge in Bewegung.

Wie jeder andere Kreislauf bedarf auch der Wasserkreislauf der Zufuhr von Energie, um funktionieren zu können. Dazu bedient er sich einerseits der thermischen Energie der Sonne und andererseits der Schwerkraftenergie der Erde. Beide stehen in einem Spannungsverhältnis zueinander: Während die Thermik das Wasser in die Höhe befördert, holt es die Schwerkraft später wieder zurück. Ohne Schwerkraft gäbe es kein fließendes Wasser, keine Flüsse, ja es gäbe weder eine Hydro- noch eine Atmosphäre auf der Erde; beide hätten sich gar nicht erst gebildet, weil ihre leichten gasigen und flüssigen Bestandteile in die Weiten des Weltalls entflohen wären.

Auch für den Wärmetransport in der Atmosphäre spielt der Wasserkreislauf eine große Rolle. Denn die für das Verdunsten des Wassers benötigte Wärmeenergie wird in latenter (nicht fühlbarer) Form von der Luft so lange weitertransportiert, bis sie durch Kondensation des Wasserdampfes wieder freigesetzt wird. Mit feuchter Luft werden also – bei gleicher Temperatur – wesentlich größere Wärmemengen befördert als mit trockener Luft.

Eine Betrachtung des Wasserkreislaufs bliebe lückenhaft, wenn sie nicht auch das Zirkulieren des Wassers in den Meeren einschlösse. Ebenso wie die Luftströmungen der Atmosphäre tragen die *Meeresströmungen* zum Temperaturausgleich zwischen niederen und höheren Breiten bei. Die Hauptantriebskraft für die Meeresströmungen liefern die über die Meeresoberflächen streichenden Luftströmungen, indem sie ihre Bewegungsenergie durch Reibung auf das Wasser übertragen (Abb. 13).

Im Gegensatz zu den erdumlaufenden Winden ist die Zirkulation der Meeresströmungen hauptsächlich auf die einzelnen Ozeanbecken begrenzt, und sie beschränkt sich im Wesentlichen auf eine oberflächennahe Wasserschicht. Global betrachtet sorgt die Corioliskraft dafür, dass sich in niederen Breiten auf der Nordhalbkugel im Uhrzeigersinn, auf der Südhalbkugel gegen den Uhrzeigersinn drehende Großwirbel bilden. Erst in den mittleren Breiten, und das auch nur auf den zusammenhängenden Meeren der Südhalbkugel, kann sich eine erdumlaufende Westströmung bilden (Abb. 16).

Kompliziert werden die Strömungsverhältnisse dort, wo warmes salzreiches Meerwasser tropischer Herkunft auf kaltes weniger salzreiches Meerwasser polarer Herkunft trifft. Denn aus den beiden Variablen Temperatur und Salinität resultieren komplexe Dichte-, Gefrier- und Strömungsverhältnisse, deren Wechselwirkungen mit der Atmosphäre bisher nicht überschaubar sind und Klimaprognosen vollends zu Ratespielen machen.

Diese Strömungen werden durch einen weiteren Kreislauf überlagert. Seine Auswirkungen kennen wir als Ebbe und Flut, als *Gezeiten*, an den Küsten. Angetrieben wird dieser Kreislauf durch zwei Kräfte: einerseits die Massenanziehung von Mond und Sonne, andererseits die Fliehkräfte, die sich

Abb. 16: Die oberflächennahen Meeresströmungen im Januar
Quelle: STRAHLER 1989, S. 97

aus der Drehung von Erde und Mond um den gemeinsamen Schwerpunkt (Abb. 17) ergeben. Trotz ihrer großen Masse spielt die Sonne in diesem Kräftespiel nur eine halb so bedeutende Rolle wie der Mond, da sie fast vierhundertmal weiter als dieser von der Erde entfernt ist.

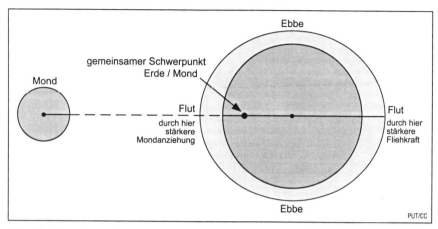

Abb. 17: Entstehung der Gezeiten (nicht maßstäblich)
Quelle: MOSTLER 1970, S. 80, 81

So entstehen auf der Erdkugel zwei gegenüberliegende Gezeitenberge. Infolge ihrer Rotation dreht sich die feste Erde unter diesen mobilen Wasserbergen hindurch; deshalb treten Flut und Ebbe zweimal am Tag auf. Der tatsächliche Wechsel der Gezeiten wird durch Größe, Tiefe und Küstengestalt der einzelnen Meeresbecken bestimmt. Dadurch entstehen sehr viele Unregelmäßigkeiten, sowohl im zeitlichen Ablauf als auch in der Höhendifferenz von Ebbe und Flut. Durch Wellenresonanz können Fluthöhen bis zu zwölf Metern entstehen, beispielsweise an der Westküste der Bretagne, während an der gegenüberliegenden englischen Südküste Fluthöhen von nur zwei Metern auflaufen.

Natürlich wirken die Gravitations- und Zentrifugalkräfte nicht nur auf die Hydrosphäre, sondern auch auf die Atmo- und Lithosphäre der Erde. Doch sind die Wirkungen auf diese beiden Bereiche wesentlich kleiner, und das hat folgende Gründe: Wegen der geringeren Dichte der Atmosphäre, die nur ein Tausendstel der Wasserdichte beträgt, ist auch ihre Gravitationswirkung gering, da diese massenabhängig ist. Der Luftdruckunterschied, der durch die Mondgezeiten verursacht wird, ist kleiner als 1 mbar, also unbedeutend. Dagegen ist die Massenanziehung auf die feste Erdkruste etwa zweieinhalbmal so groß wie die auf die Wasserhülle. Und doch weist die Erdkruste keine entsprechenden Gezeitenerscheinungen wie das Meer auf; denn ihre Starrheit lässt dies nicht zu. Immerhin hebt sich beispielsweise in Deutschland die Erdkruste bei Flut um fast einen halben Meter, ohne dass man dieses merkt.

Der engen Koppelung zwischen Luft- und Wasserkreislauf entspricht eine ähnlich starke Wechselwirkung zwischen Wasser- und Gesteinskreislauf, den ich in Kap. 4.1. in die Betrachtung einbeziehen werde. Denn das unter der Schwerkraft bergab fließende Wasser ist der Haupttransporteur verwitterten Gesteins sowie der Hauptgestalter der Reliefformen der Lithosphäre. Ebenso wie sich ohne Schwerkraft keine Flüsse hätten bilden können, gäbe es ohne Flüsse auch keine Täler.

Während der Luftkreislauf wegen der hohen Mobilität der atmosphärischen Gase relativ schnell abläuft, braucht der Wasserkreislauf in seinen flüssigen und festen Abschnitten wesentlich mehr Zeit. Besonders die unterirdische Passage des Grundwassers kann Jahrhunderte bis Jahrtausende und länger dauern. Gleiches gilt für die langsame Reise von gefrorenem Wasser in Gestalt von Gletschern, vor allem auf Grönland und Antarctica.

3.2. Chemische Belastungen des Wassers

Bei der Betrachtung der Atmosphäre hatte ich betont, dass die Menschheit bei ihren Produktions- und Konsumptionsprozessen keine Stoffe an die Atmosphäre abgeben sollte, die es dort von Natur aus nicht oder nur in sehr geringen Mengen gibt (vgl. Kap. 2.3.). Die meisten der bisher bedenkenlos in die Atmosphäre abgeleiteten Schadstoffe gelangen, wie wir gesehen hatten, früher oder später mit den Niederschlägen in Meere, Seen, Flüsse und sogar in das Grundwasser.

Welche verhängnisvolle Wirkung beispielsweise die Emission großer Mengen an Schwefeldioxid hat, erkennt man an den Gewässern Skandinaviens. Bereits in den sechziger Jahren des vergangenen Jahrhunderts wunderte man sich in Schweden darüber, dass die Seen und Flüsse fortlaufend saurer wurden und der Fischbestand immer mehr zurückging. Als Ursache erkannte man bald den „sauren Regen". Und der war wiederum besonders sauer, wenn die regenbringenden Luftmassen aus südlichen Richtungen kamen, nämlich aus dem dicht besiedelten und hoch industrialisierten West- und Mitteleuropa.

Die skandinavischen Gewässer reagieren auf den sauren Regen deshalb besonders empfindlich, weil sie auf basenarmen Granit- und Gneisgesteinen liegen. Dort verhindert insbesondere der Mangel an Kalk eine Neutralisation der eingetragenen Säuren.

Die Versauerung des Wassers hat vielfältige negative Folgen: Viele Wasserlebewesen können in einem sauren Milieu nicht mehr existieren oder sich nicht mehr vermehren und sterben aus. Verstärkt wird diese Entwicklung noch dadurch, dass toxische Metalle wie Aluminium, Cadmium oder Quecksilber in saurem Wasser vermehrt gelöst werden und in die Nahrungsketten gelangen.

Künstliche Kalkung wäre eine Möglichkeit, der Versauerung von Seen entgegenzuwirken, besser gesagt, eine Methode, die Symptome des Übels zu behandeln. Man hat berechnet, dass für einen Hektar Binnenseefläche etwa 100 Kilogramm fein gemahlener Kalk nötig wären, die rund 10 Euro kosten, aber nur fünf bis zehn Jahre lang wirksam sind – dann wäre die nächste „Bestäubung" fällig.

Viele Jahre lang haben sich die südlichen Nachbarn nicht um die Sorgen der Skandinavier gekümmert. Erst als ihre eigenen Gewässer sauer wurden, begann man, „Entsäuerungsprogramm" aufzustellen. Zwischenzeitlich waren auch ihre Böden versauert. Dadurch hatten besonders Bäume Schaden genommen, so dass man ein fortschreitendes Baum- und Waldsterben befürchtete. Dabei übersah man allerdings, dass auch die Praktiken der industrialisierten Landwirtschaft erheblichen Anteil an der Schädigung der Wälder haben können (vgl. Kap. 2.3.; siehe Kap. 6).

Am stärksten werden Flüsse, Meere und Seen durch Direkteinleitung von Abwässern belastet. Hieran sind wiederum die meisten Glieder der Wirtschaft beteiligt: Industrie, Bergbau, Landwirtschaft, Schiffsverkehr und Kommunen. Ebenso wie die Atmosphäre wird die Hydrosphäre dabei als kostenloser Transporteur oder Speicher missbraucht, der die Abwässer aufnimmt, verdünnt und fortschafft. Diese Methode der „Entsorgung" hat in der Geschichte der Menschheit jahrtausendelang funktioniert. Denn die Natur verfügt über erstaunliche Selbstreinigungskräfte, die in allen Geosphären wirksam sind. Bei der Hydrosphäre sind das natürliche chemische Oxidations- oder Reduktionsprozesse und biologische Verdauungsprozesse, die zum Abbau eingeleiteter Fremdstoffe führen.

Allerdings ist die Belastbarkeit dieses natürlichen Entsorgungssystems begrenzt. Zu große Mengen und vor allem naturfremde Substanzen können nicht bewältigt werden, ja sie können sogar einen totalen Zusammenbruch des Selbstreinigungsmechanismus verursachen. Ein solcher Zusammenbruch ist zum Beispiel das so genannte „Umkippen" von Gewässern.

Zum Umkippen ist nicht einmal die Einleitung von giftigen chemischen Stoffen nötig, welche die Lebewesen im Wasser töten. Es genügt schon eine übermäßige Zufuhr von für Pflanzen lebensnotwendigen Elementen wie Stickstoff oder Phosphor. Diese *Eutrophierung* („Wohlernährung") ruft zunächst eine üppige Entwicklung der Wasserflora hervor, erkennbar an starker Algen- und Krautvermehrung. In Seen leben die lichtbedürftigen Algen besonders in den oberflächennahen Teilen des Wassers, bis zu hunderttausend Algen in einem Kubikzentimeter. Die tieferen Wasserschichten leiden dann unter Lichtmangel. Kritisch wird die Situation aber erst, wenn die abgestorbenen Algen auf den Grund des Sees sinken. Dort wird nämlich für ihren Abbau viel Sauerstoff benötigt. Dieser steht aber nur in begrenztem Umfang zur Verfügung. Ist er völlig aufgebraucht, setzen Fäulnisprozesse ein, bei denen unter anderem giftige Gase wie Schwefelwasserstoff (H_2S) und Ammoniak (NH_3) entstehen. Der See beginnt „umzukippen". Dabei werden auch Pflanzennährelemente, neben Stickstoff, Schwefel und Phosphor hauptsächlich Kalium, Magnesium und Kalzium, wieder frei und gelangen zurück ins Wasser (Abb. 18).

Der Sauerstoffmangel in der Tiefe hat verhängnisvolle Folgen für die Fauna des Sees. In erster Linie sind Fische betroffen. Denn ihre am Seegrund abgelegten Eier sterben ab, wenn sie keinen oder zu wenig Sauerstoff erhalten. Aber nicht nur die Fische, sondern auch die anderen Mitglieder der Lebensgemeinschaften des Sees sind bedroht. Es läuft ein chaotischer Entwicklungsgang ab, der durch massenhafte Vermehrung der einen Arten und durch Rückgang und Aussterben der anderen Arten charakterisiert ist. Vorteile haben vor allem niedere Organismen, zu denen auch Krankheitserreger gehören. Nachteile erleiden alle höheren Organismen.

Der Sauerstoffmangel ist bei Seen besonders groß im Sommer, aber auch im Winter. Nur im Frühjahr und Herbst kann aus thermischen Gründen eine Durchmischung des Wasserkörpers stattfinden (Abb. 19). Zwar gelangt dabei Sauerstoff in die Tiefe, doch kommen auch die Pflanzennährstoffe wieder nach oben, so dass erneut eine übermäßige Algenproduktion einsetzt. Mit anderen Worten, das Leben des Sees steckt in einem „Teufelskreislauf", der nur durchbrochen werden könnte, wenn man den Faulschlamm mit seinen Nährstoffen vom Seegrund abpumpen und als organischen Dünger auf Felder leiten würde. So könnte dort künstlicher Mineraldünger eingespart werden, der übrigens die Hauptursache für die Eutrophierung von Gewässern ist, neben der Zufuhr von kommunalen Abwässern. Dass allerdings

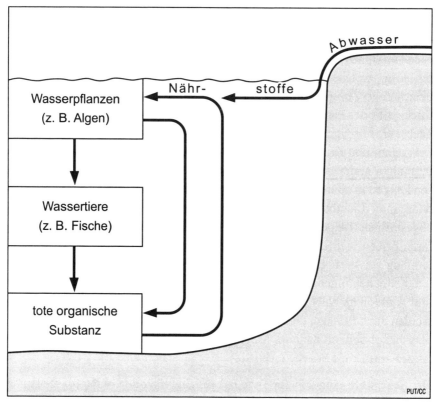

Abb. 18: Schema des Nährstoffkreislaufs in einem See
Entwurf: E. GRIMMEL

eine Seereinigung in den meisten Fällen praktisch schwer zu realisieren ist, liegt auf der Hand.

Wesentlich leichter sind dagegen Flüsse zu reinigen: man bräuchte nur die Einleitung von Schadstoffen zu unterlassen, und die Qualität des Flusswassers würde sich schnell verbessern.

Aber der größte aller Wasserspeicher – das Meer, bestehend aus Ozeanbecken, Rand- und Binnenmeeren – lässt sich nicht mehr reinigen. Deshalb wird von der noch in den fünfziger und sechziger Jahren des vergangenen Jahrhunderts als unerschöpflich gepriesenen „Nahrungsquelle Meer" für die rasch wachsende menschliche Bevölkerung der Erde heute nicht mehr gesprochen. Stattdessen wird gefragt, wann wohl die Ostsee, wann die Nordsee, wann das Mittelmeer, wann der Atlantische Ozean, wann das gesamte Weltmeer umkippen könnten.

Die Verseuchung des Meeres ist deshalb besonders tragisch, weil sich im Meerwasser Pflanzen (Algen) und Tiere (Fische, Muscheln usw.) optimal

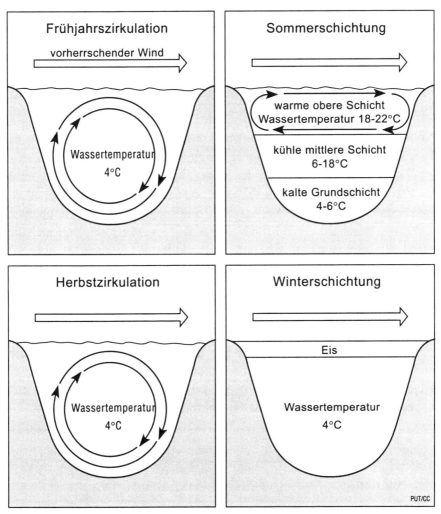

Abb. 19: Jährliche Zirkulation und Schichtung in tieferen Seen
Quelle: ALEXANDER und FICHTER 1977, S. 52, 53

ernähren können, denn es enthält alle 92 natürlichen Elemente der Erde. Derart günstige Voraussetzungen finden Landpflanzen und -tiere nicht vor, denn auf dem Festland sind, wie wir später sehen werden, die meisten Böden, als Basis der Pflanzen- und Tierernährung, wesentlich weniger nährstoffreich als das Meerwasser. Ursache dafür sind primär unterschiedliche Nährstoffgehalte der Ausgangsgesteine, Verwitterung und Auslaugung des Gesteins durch Regenwasser und unsachgemäße Bodenbearbeitung seitens der Landwirtschaft (siehe Kap. 6.). Durch die fortschreitende Meeresverschmutzung zerstören also die Menschen nicht nur den größten Lebensraum der Erde, sondern sie vernichten auch einen wesentlichen Teil ihrer Nahrungsgrundlage.

Einem ähnlich kritischen Zustand wie das Meer geht auch das Grundwasser entgegen. Zwar kann man verunreinigtes Grundwasser mit hohem Kostenaufwand reinigen, doch der Grundwasserkörper in der kontinentalen Erdkruste bleibt wegen seiner sehr geringen Fließgeschwindigkeit über sehr lange Zeitspannen (Jahrhunderte bis Jahrtausende) belastet, wenn er erst einmal verunreinigt ist.

Normalerweise ist Grundwasser vor Verunreinigungen gut geschützt, da Pflanzen- und Bodendecke ausgezeichnete Filter für Sickerwasser darstellen. Doch diese Filter sind auf der heute intensiv genutzten Erdoberfläche weitflächig zerstört oder nur noch eingeschränkt funktionsfähig. Vor allem die flächendeckende Zufuhr von nicht oder nur schwer abbaubaren Bioziden sowie von Düngesalzen und Gülle seitens der Landwirtschaft, aber auch die punktuelle Zufuhr von Schadstoffen aus „Altlasten" (wilden Müllkippen) und „Neulasten" (Mülldeponien) machen sauberes Grundwasser immer mehr zur Ausnahme.

Bereits bei der Betrachtung der Atmosphäre hatten wir festgestellt, dass eine genaue analytische Erfassung der in die Luft eingeleiteten Schadstoffe prinzipiell nicht möglich ist, denn die Schadstoffe reagieren miteinander und bilden eine unbestimmbare Zahl neuer, teilweise noch unbekannter chemischer Verbindungen mit folglich auch noch unbekannten Wirkungen auf Lebewesen. Das Gleiche gilt für die Hydrosphäre.

3.3. Hydraulische Störungen des Wasserkreislaufs

Die älteste und am längsten andauernde Störung des Wasserkreislaufs resultiert aus der anthropogenen Zerstörung der natürlichen Vegetationsdecke der Erde. Die Umwandlung von Waldland in Acker- und Grünland ist noch nicht abgeschlossen. Sie erreicht in Gestalt der Rodung tropischer Regenwälder heute erst ihren „Höhepunkt".

Durch die Zerstörung der natürlichen Vegetationsdecke sind vielfältige natürliche Lebensgemeinschaften vernichtet worden und werden weiterhin vernichtet. Doch auf die Störungen im Kreislauf des Lebens werde ich erst in Kap. 5. eingehen. In diesem Zusammenhang interessiert vor allem die Tatsache, dass durch Beseitigung von Waldvegetation die Verdunstung und Grundwasserneubildung zu Gunsten des Oberflächenabflusses verringert wird. Dies führt zur Austrocknung des Landes, weil das Wasser in einem kurzgeschlossenen Kreislauf zu schnell zum Meer zurückgelangt. Eine Folge des schnellen Rücktransports sind natürlich auch extreme Hoch- und Niedrigwasserstände in den Flusstälern.

Daneben führt der verstärkte Oberflächenabfluss zu einer verstärkten Abspülung und Zerschneidung ("Erosion") des Bodens, vor allem auf geneigten Ackerflächen. Der Oberflächenabfluss auf Ackerflächen wird noch dadurch verstärkt, dass die Böden von der Landwirtschaft meistens nicht naturgemäß behandelt werden und deshalb ihre ursprüngliche Fähigkeit zur schnellen Wasseraufnahme und -speicherung verloren haben. Diese Fähigkeit ist deshalb verloren gegangen, weil man vor allem durch den Einsatz leicht löslicher Düngesalze und giftiger Biozide, durch Ausbringen giftiger Gülle, durch Tiefpflügen mit schweren Maschinen, durch Monokulturen oder ungünstigen Fruchtwechsel die tierischen und pflanzlichen Lebensgemeinschaften des Bodens zerstört hat. So können die übrig gebliebenen Bodenlebewesen ihrer natürlichen Aufgabe, tote organische Stoffe in Humus umzuwandeln und diesen mit den mineralischen Bodenbestandteilen zu verbinden, um auf diese Weise ein nährstoffreiches und wasseraufnahmefähiges Schwammgefüge des Bodens herzustellen, nicht mehr gerecht werden (siehe Kap. 6).

Auch sind degenerierte Böden immer weniger in der Lage, Schadstoffe, zum Beispiel die einzelnen Bestandteile des sauren Regens, zu neutralisieren oder zurückzuhalten. So gelangen mehr und mehr Schadstoffe in das Grundwasser.

Hinzu kommen die fortschreitende "Versiegelung" der Landschaft durch Häuser- und Straßenbau und die Bach- und Flussbegradigungen, die den Oberflächenabfluss erheblich vergrößern und beschleunigen. Bei der "Regulierung" des Oberrheins hat man bereits im 19. Jahrhundert die Erfahrung gemacht, dass eine Flussbegradigung nicht nur den Abfluss beschleunigt, sondern auch Erosion des Flusses, Absenkung des benachbarten Grundwasserspiegels, Austrocknung des Bodens und Versteppung der Auen bedeutet.

Zu Grundwasserspiegelabsenkungen führen auch Entwässerungsmaßnahmen in Feucht- und Nassgebieten, die durchgeführt werden, um Böden, die an Wasserüberschuss leiden, für die Landwirtschaft zu erschließen oder intensiver nutzbar zu machen. Aber der Gewinn an landwirtschaftlicher Nutzfläche wird mit einem Verlust an artenreichen Feuchtbiotopen bezahlt. Weitere Störungen des natürlichen Wasserkreislaufs sind Bewässerungsmaßnahmen, vor allem in Trockengebieten der Erde. Global betrachtet gleichen sie in gewissem Ausmaß die Verringerung der Verdunstung infolge der Walddezimierung aus; denn künstliche Bewässerung bedeutet, dass sich die Verdunstung sowohl durch die Kulturpflanzen als auch durch die befeuchteten Böden erhöht. Dieser positiven Wirkung kann aber auch ein negativer Effekt gegenüberstehen. So trocknet zum Beispiel der Aral-See in Zentralasien immer mehr aus, weil die Flusswässer, die ihn früher gespeist haben, für Feldbewässerungen verbraucht werden.

Künstliche Bewässerung wird erstaunlicherweise auch in klimatisch feuchten Gebieten der Erde praktiziert, zum Beispiel in Mitteleuropa in Form von Feldberegnungen. Diese dienen dazu, die Pflanzen in regenärmeren Zeitabschnitten weiterhin optimal mit Wasser zu versorgen, um höchste Erträge zu erzielen. Das Beregnungswasser wird meistens, ebenso wie das Trinkwasser, aus dem Grundwasserkörper entnommen. Doch übermäßiger Grundwasserverbrauch führt zur Absenkung des Grundwasserspiegels und zur Austrocknung von feuchten Talanfängen und somit zur Zerstörung von Feuchtbiotopen, den Lebensräumen meist selten gewordener oder gar vom Aussterben bedrohter Tier- und Pflanzenarten.

Darüber hinaus kann es zu Grundwasserversalzung kommen, wenn durch zu starke Wasserförderung hochgradig mineralisierte Tiefenwässer mit angesaugt werden. Diese Gefahr besteht besonders in dem mit Grundwasser an sich reich gesegneten Norddeutschen Tiefland, nämlich dort, wo aus dem tieferen geologischen Untergrund Salzstöcke bis in grundwasserführende Schichten emporreichen (siehe Kap. 4.7.).

Besonders massive hydraulische Störungen sind Hochwasserschutzmaßnahmen. Das gilt sowohl für die Seedeiche an den Küsten als auch für Flussdeiche im Binnenland. Flussdeiche verhindern, dass die Flüsse bei Hochwasser, nach der Schneeschmelze oder reichlichen Regenfällen in ihrem Einzugsbereich, ihre Talauen überfluten. Durch die Einengung des Überflutungsraumes läuft jedoch das Hochwasser zwischen den Deichen bis zu einem wesentlich höheren Niveau auf, als dies vor der Eindeichung der Fall war. Entsprechendes gilt für die Strommündungen an Gezeitenküsten. Dort werden bei Sturmfluten große Wassermengen flussaufwärts verschoben. Infolge der trichterförmigen Einengung des Überflutungsraumes durch Deiche schwappt dann aber die Meeresflutwelle weit von der Küste entfernt besonders hoch empor. Letzteres trat in extremer Weise im Jahre 1962 beim Mündungstrichter der Elbe auf. Damals brachen im Hamburger Raum die Deiche an vielen Stellen; 600 Menschen verloren ihr Leben.

Im August des Jahres 2002 kam es weiter flussaufwärts zur Katastrophe: Mehrere Tage andauernde Starkregen in Sachsen und Böhmen, durch sauren Regen zerstörte Wälder im Riesen- und Erzgebirge und durch

Agroindustrie misshandelte Böden verursachten einen heftigen Oberflächenabfluss, der zu extremen Wasserständen von Bächen und Flüssen im Einzugsgebiet der Elbe führte. An einigen Stellen brachen die Deiche, an vielen anderen konnte dieses nur knapp verhindert werden. Dörfer und Städte wurden ganz oder teilweise überflutet; Häuser, Straßen, Bahnen, Kanalisationen und Kläranlagen waren zerstört, die Elbe verseucht; 30 Menschen waren ertrunken. Die materiellen Schäden erreichten die Höhe von 30 Millionen Euro.

Die geosphärischen Zusammenhänge sind klar. Aber die Frage ist zu stellen, welche politischen Konsequenzen aus dieser Katastrophe gezogen werden: Wird man sich um eine Regenerierung der Gebirgswälder bemühen? Wird man eine ökologisch orientierte Landwirtschaft fördern? Wird man versuchen, Deichlinien zurückzuverlegen, um die Überflutungsräume zu vergrößern? Wird man neue Wohn- und Industrieflächen nur noch oberhalb der grundsätzlich hochwassergefährdeten Talauen der Flüsse ausweisen?

Wenn nicht zu jeder dieser Fragen adäquate Lösungen gefunden werden, dann sind weitere Katastrophen in nächster oder fernerer Zukunft vorprogrammiert.

Ein weiterer problematischer Eingriff in das Abflussregime von Flüssen ist das Errichten von Staudämmen. Ob als Ziele nun hauptsächlich Abflussregulierung, Stromgewinnung oder Feldbewässerung infrage kommen, ein Dammbruch – etwa als Folge eines Erdbebens oder eines terroristischen oder kriegerischen Angriffs – hätte verheerende Folgen für die Landschaften unterhalb des Staudammes.

Besonders in den ariden und semiariden Zonen der Erde, vor allem im Bereich der niederschlagsarmen Tropen und Subtropen, sorgt die allgemeine Wasserknappheit für Konflikte. Anlass für Konflikte gibt es genug: denn weltweit existieren 260 grenzüberschreitende Flusssysteme. Beispielsweise haben zehn Staaten Anteil am Nil; aus ihm deckt Ägypten, der letzte Anrainer des Flusses, seinen Wasserbedarf zu 90 %. 1995 drohte der Sudan mit Kündigung des Abkommens, das den Nil-Anrainern bestimmte Kontingente des Flusses zur Nutzung zuteilt. Der ägyptische Präsident reagierte sofort: „Es gibt eine rote Linie. Wenn das Regime im Sudan diese Linie überschreitet, werden wir entsprechend antworten. Wir halten uns alle Optionen offen." Während des Golf-Krieges von 1990 drohte der Irak, den Assuan-Damm zu zerstören, für den Fall, dass Ägypten sich den USA anschließen würde.

Auf ein weiteres Problem bei Talsperren wurde im Jahr 2001 bei der Süßwasserkonferenz der Vereinten Nationen nachdrücklich hingewiesen, obwohl es lange bekannt ist: Von nicht mehr von Wald bedeckten Böden wird immer mehr Erde in die Stauseen geschwemmt. Das führt dazu, dass in den nächsten Jahrzehnten etwa 1.500 km³ der insgesamt 7.000 km³ Speicherkapazität in den weltweit etwa 45.000 größeren Stauseen verloren gehen.

Letztlich stellt sich die Frage, ob man Staudämme erst dann bauen sollte, wenn man die Vegetationsdecke im Einzugsbereich des Flusses renaturiert bzw. so weit rekultiviert hat, dass die Bodenerosion auf ein Minimum reduziert ist.

4. Die Lithosphäre

Im System der schalenförmig angeordneten Sphären der Erde stellt die Lithosphäre im Gegensatz zur gasigen Atmosphäre und zur überwiegend flüssigen Hydrosphäre eine hauptsächlich feste Zone dar. Man kann sie auch als *Erdkruste* oder *Gesteinshülle* bezeichnen, wobei man sich darüber im Klaren sein muss, dass auch noch die unter der Lithosphäre folgenden Zonen, nämlich Erdmantel und Erdkern, aus Gesteinen bestehen. Aber im Gegensatz zur Lithosphäre befindet sich der Erdmantel wegen des hohen Drucks und der hohen Temperaturen, denen er ausgesetzt ist, in einem flüssigen Zustand.

Bahnt sich jedoch die flüssige Gesteinsschmelze des Erdmantels in Vulkanen einen Weg zur Erdoberfläche, erstarrt sie ebenfalls und wird zu einem Bestandteil der Lithosphäre. Anders als die flüssige Schmelze des Erdmantels scheinen die Gesteine des Erdkerns so stark verdichtet zu sein, dass sie sich trotz extrem hoher Temperaturen wiederum in einem festen Zustand befinden (vgl. Kap.1.4.).

Während sich die Geowissenschaftler über die Kräfte und Prozesse des Luft- und Wasserkreislaufs einig sind, gibt es über die Kreisläufe der Gesteine noch grundlegende Meinungsverschiedenheiten. Das ist insofern verständlich, als das Erdinnere nicht zugänglich ist und unsere vorwiegend aus geophysikalischen Messungen abgeleiteten indirekten Erkenntnisse und Modellvorstellungen noch sehr lücken- und zweifelhaft sind.

Die sich als „Plattentektoniker" bezeichnenden Geowissenschaftler meinen zwei verschiedene Gesteinskreisläufe identifiziert zu haben, nämlich einen kontinentalen und einen ozeanischen. Andere Geowissenschaftler, die als „Expansionstheoretiker" bezeichnet werden, bezweifeln die Existenz eines ozeanischen Gesteinskreislaufs. Um diese Kontroverse zu verstehen, muss man mindestens einhundert Jahre spannender geologischer Forschungsgeschichte aufrollen. Eigentlich müsste man sogar bis zum italienischen Naturforscher und Künstler LEONARDO DA VINCI (1452-1519) zurückgehen, der sich im Jahre 1508 darüber wunderte, hoch in den Bergen Italiens Muschelschalen zu finden und daraus richtig folgerte, auf dem Grund eines einstigen Meeres zu stehen. Fast drei Jahrhunderte später entwickelte der schottische Arzt JAMES HUTTON (1726-1797) sogar schon die Vorstellung eines Gesteinskreislaufs, zu der später auch der englische Naturforscher CHARLES DARWIN (1809-1882) wichtige Beobachtungen beitrug (siehe Kap. 4.3.).

4.1. Die Theorie der Plattentektonik

Um die Mitte des 19. Jahrhunderts war die Idee, dass die Erdkruste durch Kräfte aus dem Erdinnern vertikal deformiert wird, allgemein anerkannt. Doch die Idee, dass die Erdkruste auch horizontal deformiert wird, wurde von den meisten damaligen Geologen nicht akzeptiert. Obwohl die merkwürdige Parallelität der Küsten auf beiden Seiten des Atlantischen Ozeans nicht zu übersehen war, sträubte man sich, daraus die Folgerung zu ziehen, dass die Alte und Neue Welt irgendwann einmal eine Einheit gebildet hätten und danach seitwärts auseinander gewandert seien.

Im Jahre 1910 stellte der amerikanische Geologe FRANK B. TAYLOR eine Hypothese auf, welche eine horizontale Verlagerung der Erdkrustenteile plausibel machen sollte. Er meinte, ursprünglich habe es auf der Erde zwei große Kontinente gegeben, der eine über dem Nordpol, der andere über dem Südpol. Beide seien auseinander gebrochen, und ihre Teile seien langsam in ihre heutige Position gedriftet. Aber Taylors Hypothese fand nicht viele Anhänger.

Einige Jahre später wurde eine neue Hypothese präsentiert, die der von Taylor nicht unähnlich war, nämlich von ALFRED WEGENER (1880-1930), einem deutschen Naturforscher. Beim einfachen Betrachten einer Weltkarte im Jahre 1910 war auch Wegener spontan der Gedanke gekommen, dass die heutigen Kontinente die Fragmente eines einst zusammenhängenden Urkontinents sein könnten. Diesem Urkontinent gab er später den Namen „Pangäa".

WEGENER ging dieser Vermutung aber erst nach, als ihm ein Jahr später eine geologische Abhandlung in die Hände kam, in der unerklärliche Übereinstimmungen von Klimazeugnissen und Relikten der Pflanzenwelt aus der *Karbon-Zeit* (365 – 290 Mio. Jahre v.h.) auf den heute weit voneinander entfernten Kontinenten Afrika und Südamerika beschrieben waren. Im nachfolgenden Jahr (1912) trug er seine Vorstellungen auf einer Geologen-Tagung in Frankfurt vor, fand aber kaum Anklang, weil man sich nicht vorstellen konnte, dass starre kontinentale Kruste über starre ozeanische Kruste hinwegrutschen sollte.

Obwohl WEGENER kaum positive Resonanz fand, arbeitete er mit großer Begeisterung weiter an seiner „Kontinentalverschiebungstheorie" und sammelte Argumente aus allen Bereichen der Geowissenschaften. Diese sind in seinem Buch *Die Entstehung der Kontinente und Ozeane* (Neuauflage: 1980) dargelegt. Obwohl dieses Werk große Beachtung fand, in vier Auflagen erschien und in sechs Sprachen übersetzt wurde, stieß WEGENER bei den meisten Geologen, Geophysikern, Paläontologen und Geographen auf Ablehnung.

WEGENERS Erfolg stand ein Lehrbuch im Weg, an das die meisten Geowissenschaftler blind glaubten: *Das Antlitz der Erde*, von dem österreichischen Geologen EDUARD SUESS verfasst. In diesem Buch wurde die auf DESCARTES zurückgehende Theorie der Erdkontraktion vertreten. Diese geht davon aus, dass die Erde als ursprünglich glutflüssiger Himmelskörper fortlaufend abkühlt und schrumpft. Die bereits erstarrte Erdkruste sollte bei fortschreitender Kontraktion zeitweilig gefaltet oder zerbrochen werden. Im Großen und Ganzen aber sollten die Erdkrustenbewegungen vertikal gerichtet sein. Das aber schloss zugleich die Vorstellung von ortsfesten, d.h. auf der Erdoberfläche nicht verschiebbaren Kontinenten ein. Auch die Ozeanbecken hielt man für alte Formen, über deren Entstehung man sich aber wenig fundierte Gedanken machte. Diese „Kontraktionstheorie" beherrschte das Weltbild der Geologen bis über die Mitte des 20. Jahrhunderts. WEGENERS Kontinentalverschiebungstheorie wurde nach seinem Tod bis Anfang der 1950er Jahre kaum noch erörtert.

WEGENERS großes Verdienst aber war es, die Theorie der *Isostasie* global angewandt zu haben. Diese Theorie war um die Wende vom 19. zum 20. Jahrhundert entwickelt worden, als man festgestellt hatte, dass die Schwerkraft überraschenderweise überall an der Erdoberfläche nahezu denselben Wert hat, unabhängig davon, ob man sie auf einem Kontinent oder auf einer ozeanischen Insel misst. Aus dieser Beobachtung hatte man die Vorstellung abgeleitet, dass die Kontinente auf einem schwereren, zähflüssigen Substrat schwimmen, vergleichbar mit Eisbergen im Wasser (Abb. 20).

Trägt man die Häufigkeit der Höhenniveaus auf der Erdoberfläche gegen die Höhe auf, so entsteht die sog. *Hypsometrische Kurve* (Abb. 21). Sie weist dicht über dem Meeresspiegel und in etwa 5000 m Meerestiefe jeweils ein Maximum auf. Besäße die Erdoberfläche bzw. die Erdkruste eine einheitliche Form bzw. Struktur und würde sie durch statistisch verteilte Hebungen und Senkungen geformt, so dürfte die Hypsometrische Kurve nur einen Gipfel besitzen.

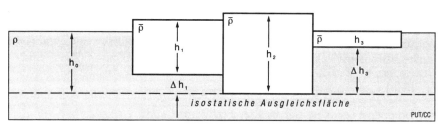

Abb. 20: Theorie der Isostasie: $\rho \times h_0 = \bar{\rho} \times h_1 + \rho \times \Delta h_1 = \bar{\rho} \times h_2 = \bar{\rho} \times h_3 + \rho \times \Delta h_3$
Quelle: Ozeane u. Kontinente 1985, S. 43

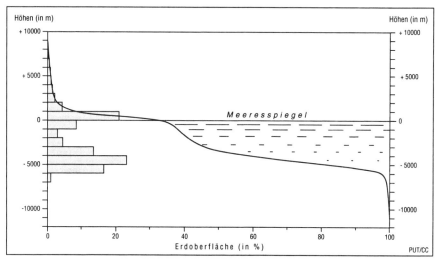

Abb. 21: Hypsometrische Kurve der Erdoberfläche
Quelle: BRINKMANN u. ZEIL 1990, S. 53

WEGENER zog daraus den richtigen Schluss, dass sich Kontinente und Ozean-gründe in ihrer stofflichen Zusammensetzung grundsätzlich unterscheiden müssen. Unter den Sedimenten, die den Meeresgrund bedecken, müsse Gestein liegen, welches schwerer ist als jenes, aus dem die Kontinente beste-hen. WEGENER fasste die Gesteine der Kontinente unter dem Namen „Sial" (nach den häufigsten Elementen Silicium und Aluminium) zusammen. Dazu gehören im Wesentlichen granitische und gneisische Gesteine. Das vorwie-gend basaltische Material der Ozeangründe nannte er „Sima" (nach den häu-figsten Elementen Silicium und Magnesium) (Abb. 22). Diese Dualität im Aufbau der Kontinente und Ozeane ist bis zum heutigen Tag durch Bohrun-gen und Messungen voll bestätigt worden.

Wenn es möglich wäre, das gesamte Wasser aus den Ozeanen zu entfernen und eine trockene Erde aus einem Raumschiff zu betrachten, könnte man

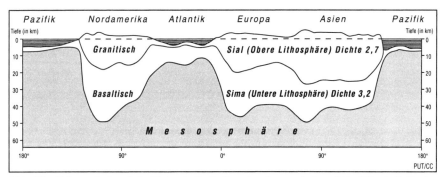

Abb. 22: Schematischer Schnitt durch die Erdkruste, etwa zwischen 40°- 50° nördl. Breite
Quelle: WAGNER 1960, S. 264

sehen, dass die Oberflächen der Kontinente durchschnittlich 4,5 km über das Niveau der Ozeangründe hinausragen.

Auffälligerweise ist kontinentale Kruste relativ leicht (Dichte: 2,7 g/cm^3), während ozeanische Kruste relativ schwer ist (Dichte: 3,2 g/cm^3). Da die starre Lithosphäre auf der flüssigen Mesosphäre schwimmt, ragen die Platten, welche aus dicker und leichter kontinentaler Kruste bestehen, hoch hinaus und tauchen auch tiefer ein, als jene Platten, die aus dünner und schwerer ozeanischer Kruste bestehen. Diese „duale Morphographie" der Erde ist im Sonnensystem einmalig. Warum das so ist, wissen wir nicht, noch nicht.

Diese Gegebenheiten versuchen heutzutage die meisten Geowissenschaftlern mit der Theorie der *Plattentektonik* zu erklären: Konvektionsströme im Innern der Erde würden fortlaufend die lithosphärischen Platten bewegen, mit Geschwindigkeiten bis zu 10 cm pro Jahr. Gebirgsketten würden wachsen, wenn driftende Platten konvergieren und schließlich kollidieren und dabei Massen von komprimierten und deformierten Gesteinsmassen herausquetschen. Bei Divergenz dagegen würden Platten auseinander brechen, so dass sich nach und nach breite Ozeanbecken bilden könnten.

So sei das Himalaya-Gebirge ein geologisch junges Faltengebirge, das sich zu bilden begann, als der Indische Subkontinent vor etwa 45 Millionen Jahren mit dem Eurasischen Kontinent kollidierte (Abb. 23).

Der Atlantik sei ein alter Ozean, der sich schon vor etwa 150 Millionen Jahren zu formen begann, als sich ein Riss zwischen Europa/Afrika und Nord-/Südamerika bildete und die Landmassen auseinander drifteten. Das kleine Rote Meer sei ein junger Ozean, der sich erst vor etwa 30 Millionen Jahren zu formen begann und die Ostafrikanische Grabenzone könnte sich ebenfalls zu einem Meeresarm aufweiten, um das östlichste Afrika vom übrigen Afrika zu trennen (Abb. 24).

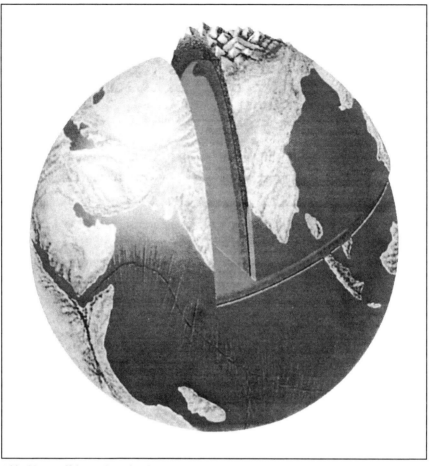

Abb. 23: Auffaltung des Himalaya-Gebirges durch Kollision des Eurasischen Kontinents mit dem Indischen Subkontinent (aus plattentektonischer Sicht)
Quelle: PRESS u. SIEVER 1995

Um der Wahrheit näher zu kommen, muss ich noch einmal zu ALFRED WEGENER zurückkehren. Wie gesagt, wurde seine Kontinentalverschiebungstheorie bis etwa 1950/1960 von der weit überwiegenden Mehrheit der Geologen verworfen. Aber, wie so oft in der Wissenschaft, erlebte auch seine Theorie, lange nach seinem Tod, eine Renaissance, und zwar durch zufällige Entdeckungen auf einem anderen Gebiet, nämlich dem *Geomagnetismus* (vgl. Kap. 1.2.).

Bestimmte Gesteine werden bei ihrer Entstehung magnetisiert, und wie frei schwebende Magnete zeigen sie zu den magnetischen Polen der Erde. Und genau diese Untersuchungen des natürlichen Magnetismus in Gesteinen haben die Theorie der Kontinentaldrift von WEGENER wieder belebt. Magne-

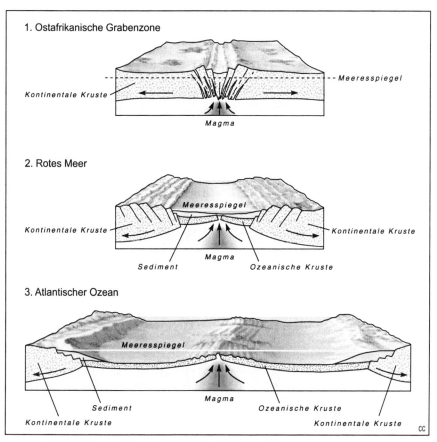

Abb. 24: Entwicklungsreihe vom Grabenbruch bis zum Ozean
Quelle: SKINNER et al. 1999, S. 82

tit und bestimmte andere eisenhaltige Minerale können dauerhaft magnetisiert werden, und zwar folgendermaßen: Oberhalb einer Temperatur von
580° C, dem Curie-Punkt, ist die Vibration von Atomen so stark, dass die
magnetischen Pole der einzelnen Atome in willkürliche Richtungen zeigen.
Unterhalb von 580° C richten sie sich parallel zum Erdmagnetfeld aus und
werden dauerhaft in dieser Richtung magnetisiert.

Was geschieht also, wenn Lava abkühlt? Alle Minerale kristallisieren schon
bei Temperaturen oberhalb von 700° C, also weit oberhalb des Curie-Punk-
tes von Magnetit. Doch bei fortschreitender Abkühlung der kristallisierten
Lava wird bald der Curie-Punkt, also 580°□C, unterschritten. Schlagartig
werden alle Magnetitkörner im Gestein winzige Permanentmagnete, welche jetzt die Polarität des Erdmagnetfeldes aufgeprägt bekommen. Da die
Magnetitkörner im Gestein eingeschlossen sind, können sie sich nicht mehr

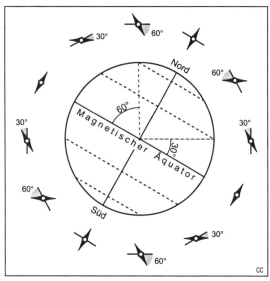

Abb. 25: Abhängigkeit der magnetischen Inklination
von der geographischen Breite
Quelle: SKINNER et al. 1999, S. 73

bewegen und umorientieren wie es ein frei schwebender Magnet kann. Solange wie das Gestein existiert, solange es also nicht durch Verwitterung
oder andere Prozesse zerstört wird, bewahrt es die Aufzeichnung des
Erdmagnetfeldes des Augenblicks, als die Temperatur unter 580° C sank.

Während der 1950er Jahre fingen die Forscher an, in vulkanischen Gesteinen die früheren Richtungen des Erdmagnetismus, den Paläomagnetismus,
zu messen. Zwei Informationen können durch den Paläomagnetismus gewonnen werden: Die erste ist die Richtung des Magnetfeldes zum Zeitpunkt
der Magnetisierung des Gesteins. Die zweite liefert die Daten, welche erforderlich sind, um bestimmen zu können, wie weit die magnetischen Pole
vom Ort der Gesteinsbildung entfernt waren. Diese Information ist die *Inklination*, welche die Abweichung eines frei schwebenden Stabmagneten
von der Horizontalen ist. Es ist nämlich so, dass die Inklination in gesetz-
mäßiger Weise von der geographischen Breite abhängt. Am Äquator beträgt
sie 0°, an den magnetischen Polen 90° (Abb. 25). Die paläomagnetische
Inklination ist deshalb die Aufzeichnung des Ortes zwischen Pol und Äquator, an dem das Gestein gebildet wurde. Diesen Ort nennt man *magnetische
Breite*. Wenn man die magnetische Breite eines Gesteins und die Richtung
des Erdmagnetfeldes zum Zeitpunkt der Bildung des Gesteins gemessen hat,
kann man also auch die Positionen der magnetischen Pole jener Zeit bestimmen.

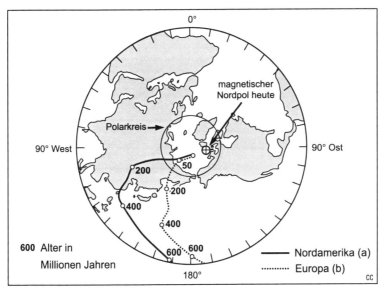

Abb. 26: Scheinbare Wanderung des magnetischen Nordpols
a) aus nordamerikanischen Messungen b) aus europäischen Messungen
Quelle: SKINNER et al. 1999, S. 74

Als die Geophysiker in den 1950er Jahren die Polpositionen studierten, meinten sie den Beweis dafür gefunden zu haben, dass die Pole über den gesamten Globus gewandert waren, und sprachen deshalb von „Polwanderung". Dieser Befund war aber insofern rätselhaft, als die magnetischen Pole der Erde und die Pole der Rotationsachse der Erde immer dicht zusammenliegen sollten. Dazu passten die Messergebnisse aber nicht. Noch rätselhafter war die Feststellung, dass der Weg der abgeleiteten Polwanderung aus nordamerikanischer Sicht ein anderer war als aus europäischer (Abb. 26). Etwas widerstrebend folgerte man schließlich, dass wohl doch nicht die magnetischen Pole, sondern die Kontinente und mit ihnen die magnetisierten Gesteine, gewandert sein mussten.

Auf diese Weise wurde die Hypothese von der Kontinentaldrift wieder belebt. Aber der Mechanismus, der diese Drift bewirken sollte, blieb weiterhin rätselhaft. Doch Hilfe kam aus unerwarteter Ecke. Die ganze Debatte um Kontinentaldrift und Polwanderung hatte sich um Befunde an der kontinentalen Kruste gedreht. Doch wenn die kontinentale Kruste wandert, so folgerte man, dann sollte auch die ozeanische Kruste wandern. Im Jahre 1962 stellte der amerikanische Geologe HARRY HESS die Hypothese auf, dass man die Gestalt der Meeresgründe am besten dadurch erklären könne, wenn man ein seitliches Wachstum der Meeresgründe, ausgehend von den mittelozeanischen Rücken, annehmen würde. Dort würde basaltisches Magma aus

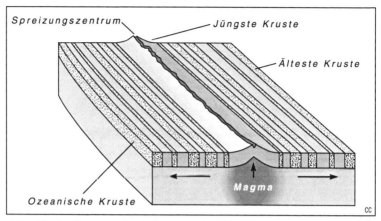

Abb. 27: Streifen abwechselnder magnetischer Polarität auf beiden Seiten
eines mittelozeanischen Rückens
Quelle: Skinner et al. 1999, S. 75

dem Erdmantel aufsteigen und neue ozeanische Kruste bilden. Und er folgerte weiter, dass die ozeanische Kruste mit zunehmender Entfernung von
den Rücken zunehmend älter sein müsse. Seine Hypothese wurde *Seafloor
Spreading* genannt.

Eine entscheidende Stütze für die Hess'sche Hypothese lieferten die amerikanischen Geophysiker Vine, Matthews und Morley, als sie entdeckten,
dass auf beiden Seiten der mittelozeanischen Rücken parallel angeordnete
Streifen abwechselnder magnetischer Polarität verlaufen (Abb. 27). Da man
das Alter der Basalte radiometrisch bestimmen kann, ließ sich das magnetische Streifenmuster der Ozeangründe auch genau datieren. Die Hypothese
von Hess wurde bestätigt. Auch war wiederum die Geschwindigkeit abzuleiten, mit der der Meeresgrund gebildet worden war. Es ergaben sich Werte
von bis zu 9 cm / Jahr. Das überraschendste Ergebnis war jedoch, dass die
ozeanische Kruste an keiner Stelle ein höheres als jurazeitliches (190 Mio.
Jahre) Alter erreichte, im krassen Gegensatz zur kontinentalen Kruste, die
in großen Teilen Milliarden Jahre alt ist (Abb. 28).

Wenn also die ozeanischen Becken fortlaufend größer werden, dann muss
auch die Erde entweder fortlaufend größer werden oder aber die Erde bleibt
so groß wie sie ist; dann muss fortlaufend genauso viel Kruste wieder vernichtet werden wie neue entsteht. Heutzutage ist die weit überwiegende
Mehrheit der Geowissenschaftler der Meinung, dass letzteres der Fall ist,
und zwar aus folgendem Grund: Bei der Analyse von Erdbeben am Rand
des Pazifischen Ozeans hatte man Zonen gefunden, in denen Erdbebenher-
de in außergewöhnlich großer Tiefe auftreten. Daraus meinte man ableiten

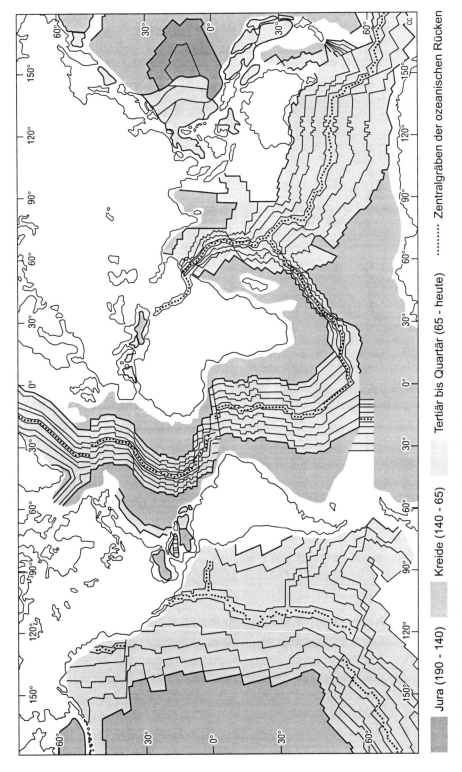

Abb. 28: Alter der ozeanischen Kruste der Erde (in Millionen Jahren)
Quelle: Press u. Siever 1995, S. 461

Jura (190 - 140) Kreide (140 - 65) Tertiär bis Quartär (65 - heute) .... Zentralgräben der ozeanischen Rücken

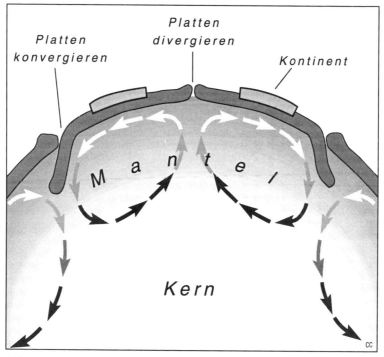

Abb. 29: Bildung und Zerstörung ozeanischer Kruste:
Ozeanischer Gesteinskreislauf (aus plattentektonischer Sicht)
Quelle: PRESS u. SIEVER 1995, S. 15

zu können, dass dort alte ozeanische Kruste in den Erdmantel abtaucht ("subduziert") und wieder aufgeschmolzen wird. Zerstörung alter ozeanischer Kruste in den randozeanischen Subduktionszonen und Bildung neuer ozeanischer Kruste in den mittelozeanischen Spreizzonen sollen im Gleichgewicht stehen (Abb. 29). Die Geschwindigkeiten, mit denen diese beiden Prozesse ablaufen sollen, wurden aus dem magnetischen Streifenmuster mit wie gesagt maximal 9 cm / Jahr abgeleitet. Ältere als jurazeitliche ozeanische Kruste sei bereits vollständig subduziert, wieder aufgeschmolzen und in den ozeanischen Gesteinskreislauf zurückgekehrt.

Seit einigen Jahren nutzt man auch Laser-Strahlen, die von Satelliten ausgesandt werden, um Entfernungen zwischen zwei Punkten auf der Erde zu bestimmen. Die Genauigkeit beträgt 1 cm. Wenn man solche Messungen regelmäßig wiederholt, also mehrmals pro Jahr oder Jahrzehnt, kann man eventuelle Veränderungen feststellen. Mit großer Befriedigung stellte man fest, dass die paläomagnetisch errechneten Daten ziemlich genau mit den durch Laser gemessenen Daten von heute übereinstimmen.

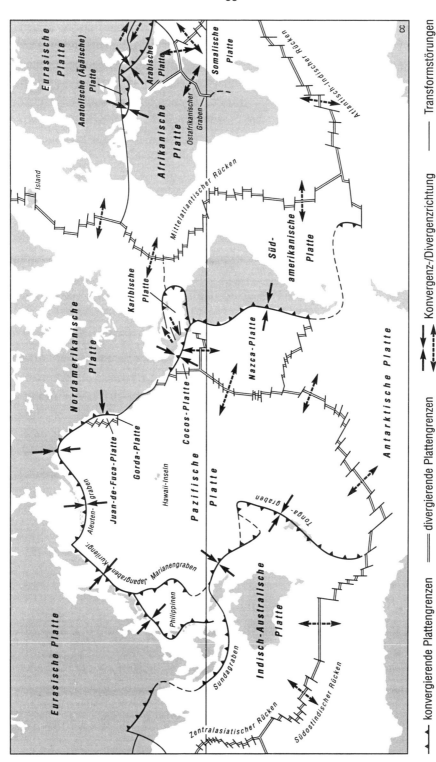

Abb. 30: Spreizungs- und Subduktionszonen der Erde (aus plattentektonischer Sicht)
Quelle: Press u. Sieber 1995, S. 107

↤↦ konvergierende Plattengrenzen   ══ divergierende Plattengrenzen   ⟷ Konvergenz-/Divergenzrichtung   —— Transformstörungen

Wenn es richtig sein sollte, dass genau so viel ozeanische Kruste in den Subduktionszonen abtaucht wie in den Spreiz-Zonen auftaucht, dann würde man intuitiv fordern, dass jedes Ozeanbecken sowohl Spreizzonen als auch Subduktionszonen aufweist. Das ist aber nicht der Fall (vgl. Abb. 30). Solche Verhältnisse kann man zwar beim Pazifischen Ozean postulieren, aber nicht beim Atlantischen Ozean. Im Gegensatz zu dem eindeutigen Verlauf der mittelozeanischen Rücken, also den Spreizzonen, haben die postulierten randozeanischen Subduktionszonen eine wenig plausible Verbreitung. Ist es etwa möglich, dass sich Atlantischer und Indischer Ozean auf Kosten des Pazifischen Ozeans vergrößern und dass in etwa 200 Mio. Jahren der Pazifik verschwunden ist, mit der Folge, dass Asien und Nordamerika kollidieren, wie einige Plattentektoniker behaupten? Eine kühne Idee!

Oder könnte es sein, dass die Subduktionshypothese der Plattentektoniker nicht tragfähig ist und dass die Erde in dem selben Maß größer geworden ist, wie die Ozeanbecken größer geworden sind? Auch das ist eine kühne Idee!

Die Theorie der Plattentektonik hat sich durchgesetzt und wird heute allgemein dazu benutzt, sämtliche geologischen Phänomene zu integrieren. Aber vergessen wir nicht: Eine Theorie erlangt erst dann Beweiskraft, wenn sie wirklich alle Phänomene zur Kenntnis nimmt und logisch einwandfrei erklären kann. Leider ist festzustellen, dass die Plattentektoniker unserer Tage solche Fragen, welche die Haltbarkeit ihrer Theorie anzweifeln, gar nicht zulassen. Und das ist sehr verdächtig. Anstatt sich mit kritischen Fragen sachlich auseinander zu setzen, wiederholen sie nur ihre Theorie, ebenso wie die Klimatologen unserer Tage ihre Theorie von einer anthropogenen Klimaerwärmung wiederholen. Aber hören wir zunächst, welche Argumente die Expansionstheoretiker haben.

4.2. Die Theorie der Erdexpansion

Wie im vorigen Kapitel dargestellt, nahm SUESS eine Kontraktion der Erde an, WEGENER und die heutigen Plattentektoniker gehen jedoch von einer Erde mit konstantem Durchmesser aus. Als dritte Möglichkeit könnte man aber auch eine Erdexpansion annehmen und müsste dann prüfen, ob die bisherigen Beobachtungen in eine solche Theorie integrierbar sind oder vielleicht sogar besser von dieser erklärt werden können, als von der Theorie der Plattentektonik.

Solche Gedanken sind nicht neu: Der wohl erste Forscher, der für die Erdexpansion eintrat, war im Jahre 1742 der Schweizer Physiker BERNOULLI, im Jahre 1888 der russische Ingenieur JURKOWSKI, im Jahre 1891 der deutsche Mathematiker und Physiker RIEMANN, ebenfalls im Jahre 1891 der amerikanische Mathematiker PEARSON, im Jahre 1927 der deutsche Geologe LINDEMANN, im Jahre 1930 der russische Geologe BOGOLEPOW. Aber erst im Jahre 1933, drei Jahre nach Wegeners Tod, legte OTT CHRISTOPH HILGENBERG (1896-1976) eine zusammenfassende Theorie der Erdexpansion vor, und zwar in einem im Selbstverlag veröffentlichten Buch mit dem Titel *Vom wachsenden Erdball*; denn kein Fachverlag wollte das Buch zum Druck annehmen. Genau wie WEGENER wurde auch HILGENBERG von der etablierten Fachwissenschaft ignoriert oder abgelehnt. Von WEGENERS Theorie der „driftenden Kontinente" fasziniert, versuchte HILGENBERG seine Theorie der „expandierenden Erde" mit WEGENERS Theorie zu verknüpfen.

Grundlage seiner Theorie ist die Tatsache, dass alle Kontinente, einschließlich der Schelfe, fast nahtlos als eine in sich geschlossene Erdkruste zueinander passen, wenn der Erddurchmesser ungefähr halb so groß ist wie heute (Abb. 31).

Ich will zunächst einige Zeilen aus HILGENBERGS faszinierender, fast in Vergessenheit geratener bzw. totgeschwiegener Arbeit *Vom wachsenden Erdball* zitieren:

„Die lückenlose Verteilung der Festlandschelfe auf der Schelfkugel berechtigt für sich allein mit einer Wahrscheinlichkeit, die an Gewißheit grenzt, zu der Annahme, dass zu einem früheren Zeitpunkt der Erdball einen kleineren Durchmesser hatte als heute. ...

Da die leichte Sialhaut der Erde durch den schwereren inneren Kern der Erde gesprengt wird und beide, die Sialhaut sowohl wie der Kern, die gleichen Eigenschaften, wenn auch mengenmäßig verschieden, haben müssen, weil sie doch letzten Endes beide Materie sind, können wir vermuten, dass nicht nur der Kern an Rauminhalt zunimmt, sondern gleichfalls, und zwar vielleicht entsprechend dem Verhältnis der spezifischen Gewichte, die Sialhaut.

Wenn wir somit die Annahme machen, dass alle Körper während einer bestimmten Zeitspanne ihren Rauminhalt nach Maßgabe ihres spezifischen Gewichts vergrößern, so muss die aufsprengende Wirkung, die ein nicht-homogener Körper wie der Erdball erfährt, von der Dichteverteilung längs des Erdhalbmessers abhängen.

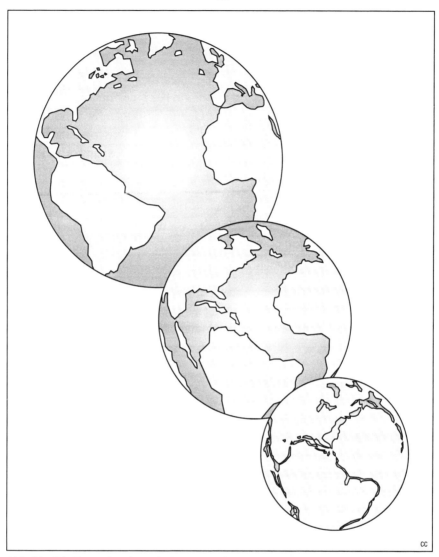

Abb. 31: Die Expansion der Erde (aus expansionstheorethischer Sicht)
Quelle: HABER 1965

In frühesten erdgeschichtlichen Zeiten, namentlich vor der Zeit, in der der erste Riss die Sialhaut aufspaltete, muss der Unterschied der Dichte am Erdmittelpunkt und an der Erdoberfläche nur sehr gering gewesen sein, denn sonst hätte sich eine geschlossene Sialhaut gar nicht erst bilden und, wenn sie vorhanden war, nicht erhalten können. ...

Die Aufsprengung der äußeren Sialschicht ist wahrscheinlich nicht linear mit der Zeit fortgeschritten, sondern beschleunigt vor sich gegangen, ent-

sprechend einem ständig zunehmenden Dichteunterschied zwischen Erdmittelpunkt und Erdoberfläche. Der erste Riss entstand mutmaßlich gegen Ende der präkambrischen Zeit ... :" (S. 22/23).

„Aus dem Urzustand der Schelfkegel, in dem es keine Tiefsee, sondern nur flache Meere gab, muss die Erde allmählich in den heutigen Zustand übergegangen sein" (S. 25).

Für die Expansion der Erde zieht HILGENBERG als Erklärung die von der Physik bis heute nicht anerkannte „Ätherstrom"-Hypothese heran.

Auf der Basis dieser Hypothese wird Gravitation durch das Einströmen von Äther in die Materie hervorgerufen, wobei sich der neu einströmende Äther in neue Materie umwandeln soll. Auf der Basis dieser Hypothese postuliert HILGENBERG folgendes:

„So beschreiben zum Beispiel zwei Himmelskörper, von denen einer den anderen umkreist, bzw. die ihren gemeinsamen Schwerpunkt umkreisen, nicht unverändert dieselbe Bahn: sondern infolge ihrer mit der Zeit zunehmenden Massen bewegen sie sich von einander fort, unter gleichzeitiger Zunahme (Anm.: Abnahme!) der bestehenden Umdrehungsgeschwindigkeiten um die eigenen Achsen" (S. 31).

„Mit der Zunahme der Erde an Masse geht Hand in Hand eine Zunahme der Eigentemperatur, die unabhängig ist von der durch Einstrahlung von der Sonne hervorgerufenen Erwärmung der Erde. ...

Ferner vergrößert sich im Laufe der Zeit der Abstand der Erde von der Sonne unter gleichzeitiger Zunahme (Anm.: Abnahme!) der Drehungsgeschwindigkeit um die eigene Achse und Zunahme der Umlaufszeit um die Sonne. Die Tage müssen mit fortschreitender Entwicklung der Erde immer kürzer (Anm.: länger!), die Jahre dagegen immer länger werden. Der Einfluss der Sonnenstrahlung auf die Temperatur an der Erdoberfläche muss, entsprechend der zunehmenden Entfernung der Erde von der Sonne mit ihrem zunehmenden Alter, immer geringer werden. ..." (S. 33).

Für eine Verringerung der Rotation der Erde im Lauf der Erdgeschichte ist übrigens bereits ein Beleg erbracht worden: Durch Auszählen der Wachstumsringe auf fossilen Korallen und Muscheln konnte man eine zunehmende Anzahl von Tagen je Jahr bis in das Kambrium ermitteln. So umfasste ein Jahr zu Beginn des *Kambriums* (vor 570 Mio. Jahren) 424 Tage und zu Beginn des *Devons* (vor 395 Mio. Jahren) 396 Tage. *Heute* sind es bekanntlich nur noch 365 Tage.

Nachdem WEGENER nach 40-jähriger Verzögerung eine grundsätzliche Rehabilitation erfahren hat, zeichnet sich jetzt - nach fast 70 Jahren – auch für HILGENBERG eine Anerkennung ab: Am 26.5.2001 wurde in Lautenthal im Harz ein Kolloquium veranstaltet mit dem Thema *Erdexpansion – verkannte geowissenschaftliche Theorie?* in Gedenken an HILGENBERG, dessen Todestag sich 2001 zum 25. Mal jährte.

Die Gegner der Expansionstheorie haben unüberwindbare Schwierigkeiten, sich die Entstehung von Faltengebirgen auf einer expandierenden Erdkugel, also ohne Plattenkollisionen, vorzustellen. Derartige Schwierigkeiten sind aber Ausdruck des Unvermögens, die dreidimensional ablaufenden Prozesse in einer expandierenden Kugel auf der Basis der sphärischen Trigonometrie zu begreifen. Dabei ist es gar nicht so schwer zu verstehen, dass sich die Krümmung der Kugeloberfläche signifikant verringert, wenn der Radius vergrößert wird und dass durch dieses Aufbiegen der Kontinentalschollen Faltenbildung an ihrer Oberseite und Spaltenbildung an ihrer Unterseite erfolgt usw., so wie es HILGENBERG in einer Abbildungsfolge erläutert hat (Abb. 32).

Aufschlussreiche forschungsgeschichtliche Anmerkungen verdanke ich Professor KARL-HEINZ JACOB vom Institut für Angewandte Geowissenschaften der Technischen Universität Berlin, dem Initiator des Lautenthaler Kolloquiums:

„Im Jahre 1933 wollte OTT CHRISTOPH HILGENBERG *mit seiner Schrift „Vom wachsenden Erdball" die damals ebenfalls Aufsehen erregende Hypothese der Kontinentalverschiebung von* ALFRED WEGENER *unterstützen und auf der Vorstellung einer expandierenden Erde weiter entwickeln. Doch leider war* WEGENER *bereits 1930 auf einer Grönland-Expedition umgekommen, und* HILGENBERG *konnte seine Arbeit* ALFRED WEGENER *nur noch posthum widmen.*

Die heftige Ablehnung der Vorstellung WEGENERS *über „Die Entstehung der Kontinente und Ozeane" durch die geologische Fachwelt hielt auch nach seinem Tode an und wurde prompt auf* HILGENBERGS *Modell von der wachsenden Erde und auf seine „Ätherstromhypothese" übertragen. Mit der vermeintlichen Materialisation des Äthers versuchte* OTT CHRISTOPH HILGENBERG *die Expansion der Erde durch Massenzunahme zu begründen. Die dreißiger Jahre des 20. Jahrhunderts waren jedoch bekanntlich gekennzeichnet durch den Sieg der* EINSTEIN'*schen Relativitätstheorie, mit der der Ätherbegriff – wohl mehr willkürlich, wie heute bekannt ist – aus dem wissenschaftlichen Denken verbannt wurde.*

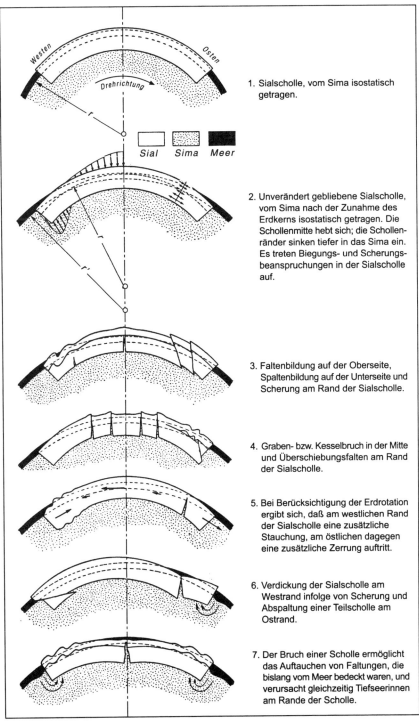

Abb. 32: Entstehung von Faltengebirgen (aus expansionstheoretischer Sicht)
Quelle: HILGENBERG 1933, S. 36/37

Erst kurz vor seinem Tod musste EINSTEIN *dann doch einräumen: „Vorläufig wissen wir nicht, zu welcher Rolle der neue Äther im Weltbild der Zukunft bestimmt ist". Dieses Eingeständnis – beziehungsweise Phänomen – wurde wissenschaftlich offiziell noch immer nicht bearbeitet, geschweige denn korrigiert oder gar überzeugend geklärt. Die wahre Ursache der Gravitation stellt nachweislich auch für Gravitationsforscher noch immer ein Rätsel dar.*

Was ist das nun: der Neue Äther? Hängt er mit EINSTEINS *Formel E = m · c² zusammen? Antworten darauf sind bis heute unklar geblieben, obwohl diese Fragen nicht nur im Verborgenen diskutiert werden. Für normal sterbliche Wissenschaftler bleibt der Begriff aber unverändert mit einem Tabu belegt.* HILGENBERG *setzte sich jedoch seinerzeit als freier Forscher an der Technischen Hochschule Berlin-Charlottenburg über das gerade verhängte Tabu hinweg und reichte 1937 eine Dissertation über die „wahren Ursachen der Gravitation" – den Äther – ein, die dann 1938 – nach genau einem Jahr und einem Tag Bearbeitung durch den Promotionsausschuss – an der Technischen Hochschule mehrheitlich, aber nicht einstimmig, abgelehnt wurde.*

Damit war einer möglichen wissenschaftlichen Beweisführung der Erdexpansion durch Massenzuwachs eine durchaus denkbare Chance entzogen worden. Heute wird sogar die Nennung dieser abgelehnten Dissertation vermieden, da sich die allgemeine Furcht vor einem Tabubruch noch verstärkt hat. Auch wird gelegentlich von selbst ernannten Gralshütern der Wissenschaft drohend empfohlen, den Begriff Äther nicht in den Mund zu nehmen, da er angeblich nur von Scharlatanen benutzt wird. Und wer möchte schon ein Scharlatan genannt werden?

Was jedoch von HILGENBERG *erhalten blieb, sind seine Schriften und die Fotos von seinen Paläo-Globen, mit denen er 1933 erstmals das überraschend gute Zusammenpassen aller Kontinente und Schelfzonen zu einer geschlossenen Ur-Erde sichtbar machen konnte, dann nämlich, wenn ihr Radius ungefähr halb so groß angenommen wird wie er heute ist. Dann bietet sich dem Betrachter der frappierende Eindruck einer geschlossenen Granitkugel. Als Beweis für die wachsende Erde wurden* HILGENBERGS *Globen und später auch andere Paläo-Globen aber niemals offiziell anerkannt, obwohl sie eigentlich – ganz objektiv betrachtet – für viele Menschen, auch naturwissenschaftlich gründlich ausgebildete, durch nichts anderes als nur durch die Ausdehnung einer zuvor kleineren Erdkugel erklärt werden können ..... "*

Doch die so genannte Fachwelt entschied sich in den 1960er Jahren für die Theorie der Plattentektonik. Seither wird die Expansionstheorie von den Anhängern der Plattentektonik nicht einmal mehr erwähnt. Neue Arbeiten zur Erdexpansion werden von den meisten Fachzeitschriften nicht mehr zur Veröffentlichung angenommen. Aber zum Glück gibt es heute das Internet. Dort findet man zum Beispiel eine hochinteressante Seite des australischen Geologen JAMES MAXLOW.

MAXLOW geht von der allgemein akzeptierten Tatsache aus, dass die ozeanische Kruste ein maximal jurazeitliches Alter hat, also nicht älter als 195 Millionen Jahre ist, bestreitet aber den von den Plattentektonikern behaupteten Subduktionsmechanismus und reduziert die Größe der heutigen Erdkugel um genau den Betrag, welcher dem Kugeloberflächenanteil der Ozeangründe entspricht. So ermittelt er für die Jurazeit eine Erdkugel, deren Durchmesser nur etwa halb so groß war wie er heute ist.

Damals wäre also die Erde nur mit einer geschlossenen kontinentalen (Sial-) Kruste überzogen gewesen. Ozeanbecken habe es noch nicht gegeben. Doch wo ist damals das Wasser gewesen, das sich heute in den Ozeanbecken befindet? Rein rechnerisch hätte die damalige „Mini"-Erde mit einer geschlossenen Wasserhülle von mehr als 6 km Tiefe umgeben sein müssen; es hätte also damals gar kein Festland gegeben; auch so lange nicht, bis die Ozeanbecken des „wachsenden Erdballs" langsam so groß waren, dass die kontinentale „Ur"-Kruste nach und nach trocken fiel. Doch dazu im Widerspruch steht die heute wohl gesicherte Erkenntnis der Paläontologen, dass es bereits vor mehr als 400 Millionen Jahren Landpflanzen und -tiere gab. MAXLOW zieht daraus die Folgerung, dass das Volumen der Hydrosphäre und auch der Atmosphäre früher viel kleiner gewesen ist als heute. Auf der jurazeitlichen und präjurazeitlichen Erde habe es nur flache „epikontinentale" Seen gegeben. Das Wasser der Ozeanbecken sei erst während der Entstehung der Ozeanbecken aus dem Erdinneren ausgeschieden worden, in demselben Maße wie die Ozeanbecken gewachsen seien. Und dieser Prozess sei keineswegs beendet, sondern würde auch heute noch und in Zukunft weitergehen. Eine faszinierende und geradezu unglaubliche, aber doch plausible Vorstellung!

An dieser Stelle müssen wir innehalten und rückblickend feststellen, dass wir im Kap. 1.4. eine erdgeschichtlich so junge Dynamik der Erde bei der Ausbildung ihres Schalenbaus noch gar nicht in Erwägung gezogen haben. Und auch der in Kap. 3.1. dargestellte Kreislauf des Wassers würde nur für die heutige Erde gelten, nicht aber für die Zeit vor dem Jura, als es nach der Expansionstheorie ja noch keine Meere gegeben haben soll.

Nach der Expansionstheorie wäre also eine zweiphasige Entstehung der Hydrosphäre anzunehmen: Die erste Phase wäre der allmählichen Abkühlung der Erde mit Bildung der „pankontinentalen" Ur-Kruste zuzuordnen. Das Wasser der Hydrosphäre hätte nur einen Bruchteil des heutigen Wasservolumens umfasst und wäre in epikontinentalen Seebecken der meeresbeckenfreien Ur-Erde gesammelt worden. Der wesentlich größere Anteil des Wassers wäre erst in der zweiten Phase, nach der Aufspaltung der pankontinentalen Ur-Kruste, also im Wesentlichen erst seit der Jura-Zeit, aus dem Erdinneren freigesetzt worden und hätte die Ozeanbecken etwa so schnell mit Wasser gefüllt, wie diese sich bildeten. Offenbar ist sogar noch etwas mehr Wasser zur Erdoberfläche aufgestiegen bzw. von den Kontinentalschollen heruntergeflossen, als dem Volumen der Ozeanbecken entsprach; denn die Randzonen der Kontinente, also die Schelfe, sind auch noch überflutet worden.

Doch jetzt stellt sich eine entscheidende Frage: Wie ist es überhaupt möglich, dass die Erde in der zweiten Phase so viel Wasser juvenil „ausgeschwitzt" hat? Damit dieses überhaupt geschehen kann, müsste das Erdinnere doch entsprechende Wasservorräte entweder parat haben oder diese fortlaufend neu produzieren. Dass dieses durchaus möglich ist, haben japanische Geophysiker vor kurzem herausgefunden: Nach Laborexperimenten berechnete ein Team um MOTOHIKO MURAKAMI vom Tokyo Institute of Technology, dass das Kristallgitter bestimmter Minerale in Tiefen von 660 bis 2900 Kilometern fünfmal so viel Wasser speichern kann, wie sich in allen Meeren von heute zusammen befindet. Falls also im Erdmantel wirklich entsprechende Wassermengen gespeichert sind – was wir noch nicht wissen – und zur Erdoberfläche hin vulkanisch freigesetzt werden, dann hätten wir also tief unter unseren Füßen eine geradezu unerschöpfliche Quelle juvenilen Wassers, aus der die Hydrosphäre fortlaufend gespeist und somit deren Volumen fortlaufend vergrößert würde, in etwa entsprechend dem Wachstum des Volumens der Ozeanbecken.

Weiter gehende physikalisch-kosmologische Überlegungen, welche die Theorie der Erdexpansion stützen, sind von dem Energietechniker Professor KONSTANTIN MEYL von der Fachhochschule Furtwangen angestellt worden. Er führt die Erdexpansion auf Absorption kosmischer Neutrinos im Erdkern zurück. Sollten sich seine Gedanken und Berechnungen als tragfähig erweisen, dann müssen Teile des ersten Kapitels dieses Buches revidiert werden.

Auch wenn unser Wissen über die im Erdinnern ablaufenden Prozesse noch sehr lückenhaft ist, wollen wir jetzt doch den Versuch wagen, den Kreislauf der Gesteine hypothetisch zu skizzieren, nicht nur unter Berücksichtigung der Theorie der Plattentektonik, sondern auch der Theorie der Erdexpansion.

Denn wissenschaftliche Erkenntnis ist ein dynamischer Prozess der Wahrheitssuche, von dem wir hoffen, dass er uns eines Tages ans Ziel bringt. Doch die Chance, das Ziel zu erreichen, haben wir nur dann, wenn wir vielseitig und vorurteilsfrei beobachten und interpretieren und nicht dogmatisch an Irrtümern festhalten, auch wenn Umlernen schwerer ist als Lernen!

4.3. Der Gesteinskreislauf

Zweifellos ist der Gesteinskreislauf der Erde eng mit dem Luft- und Wasserkreislauf verzahnt. Ja, er könnte gar nicht funktionieren, wenn Luft und Wasser nicht um die feste Erdkugel zirkulierten. Während die Bestandteile der Luft die Gesteine der Erdkruste durch Verwitterung zerkleinern, ist das fließende Wasser der Haupttransporteur des aufbereiteten Gesteins. Vor allem das von den Kontinenten abfließende Wasser befördert die Gesteinsfragmente in die Ozeanbecken. Vor der Jurazeit hatten nach der Expansionstheorie epikontinentale Becken die Funktion der späteren Ozeanbecken.

In wesentlich geringerem Umfang beteiligt sich auch der Wind am Gesteinstransport, indem er Gesteinsbruchstücke in Sand- und Siltgröße aufnimmt, verweht und irgendwo wieder ablagert. Auf diese Weise sind Dünenhügel und Lößdecken gebildet worden. Auch vulkanische Eruptionsmassen reisen mit dem Wind sogar mehrmals um die Erde, bevor sie nach und nach auf die Land- oder Wasseroberfläche zurückkehren.

Auch das sehr langsam strömende Gletschereis ist ein Gesteinstransporteur. Seine Leistung ist allerdings in der geologischen Gegenwart bei weitem nicht so groß, wie sie es in den Kaltzeiten des Quartärs gewesen ist. Damals sind sogar in den Flachländern der Mittelbreiten bis zu Hunderten von Metern mächtige Schuttmassen von dem Gletschereis und seinen Schmelzwässern abgelagert worden.

Um das „Team" der Transporteure zu vervollständigen, sind noch die Meeresströmungen und Meereswellen zu nennen, die besonders an Küsten aktiv sind.

Ein allen diesen Transporteuren übergeordnetes Agens ist die Schwerkraft, nicht nur, weil erst unter ihrem Einfluss Wasser überhaupt fließen, sondern auch, weil sie Gesteine allein in Bewegung setzen kann, ohne der Hilfe eines Transportmediums zu bedürfen. Überall auf der Erdoberfläche versucht die Schwerkraft Gesteine von oben nach unten zu ziehen. Erfolg hat sie dabei aber nur, wenn von den Verwitterungsprozessen Gesteinsfragmente geliefert werden und wenn in Gestalt von stark geneigten Hängen, also besonders im Gebirge, Rutsch- und Rollbahnen zur Verfügung stehen.

Bergrutschungen und Bergstürze setzen häufig nach lang andauernden Regenfällen ein, weil das Wasser als Gleitmittel zwischen den einzelnen Gesteinsfragmenten wirkt. Da Rutschungen und Stürze plötzlich und mit hohen Geschwindigkeiten, oft bis zu mehreren hundert Kilometern pro Stunde, auftreten, hat man geringe Chancen, sich rechtzeitig aus der Gefahrenzone zu retten. Ganze Dörfer und sogar Städte sind schon durch Bergstürze zerstört worden. Zu gewaltigen indirekten Schäden kommt es, wenn die Gesteinsmassen Talgründe erreichen und dort Flüsse aufstauen. Brechen diese „Naturdämme", schießen die Wassermassen mit jäher Gewalt talabwärts. Nicht immer ist die Natur allein für Rutschungen und Stürze verantwortlich. Oft schaffen die Menschen selbst die Voraussetzungen für solche Katastrophen, indem sie die natürliche Vegetationsdecke zerstören oder Steilhänge durch Gesteinsabbau untergraben.

Die Formungsaktivität des Wassers kann bereits mit dem Auftreffen eines einzigen Regentropfens auf eine kahle, dass heißt von Pflanzen ungeschützte Bodenoberfläche beginnen, also besonders in vegetationsarmen, trockenen (ariden) Gebieten der Erde, aber auch in feuchten (humiden) Regionen, nämlich dann, wenn Menschen dort die natürliche Vegetationsdecke entfernt haben. Bodenabspülung und Bodenzerschneidung sind deshalb weit verbreitete Phänomene der Agrarlandschaften. Besonders aggressiv ist der Regen, wenn er, wie bei einem Gewitterguss, mit hoher Intensität auf einen feinkörnigen, ausgetrockneten Boden fällt. Denn die in den Poren des Bodens enthaltene Luft lässt sich vom Wasser nur langsam verdrängen, so dass dieses schwer in den Boden einsickern kann. So bildet sich rasch eine durchgehende Wasserschicht an der Bodenoberfläche, in der durch den Aufschlag der Wassertropfen feine Bodenpartikel aufgeschwemmt werden. In Abhängigkeit von der jeweiligen Hangneigung setzt sich diese Wasserschicht dann mehr oder weniger schnell in Bewegung und wird dadurch zu verstärkter Erosion fähig.

Während einzelne Wassertropfen das Bestreben haben, sich mit anderen zu vereinigen, tendiert eine fließende Wasserschicht dazu, sich in einzelne Fließfäden aufzuspalten, das heißt, Gerinne zu bilden, die mit anderen Gerinnen zusammenlaufen und schließlich ein System von Bächen, Flüssen und Strömen bilden. Diese Prozessabfolge ist dadurch bedingt, dass es nirgends einen völlig homogenen Gesteinsuntergrund gibt und auch nirgends völlig ebene und glatte Oberflächen. Die Folge ist, dass von Anfang an eine ungleiche Verteilung des Regenwassers stattfindet und dass sich das fließende Wasser dort schneller eintieft, wo es vermehrt auftritt und wo es einen leichter erodierbaren Untergrund antrifft. Dabei kommt es dann zur Aufspaltung der Wasserschicht.

Wie bereits in Kap. 3.3. dargestellt, kann eine geschlossene Vegetationsdecke Bodenerosion völlig unterbinden. Selbst an einem Hang, der nur eine Grasdecke trägt, findet kaum Erosion statt, weil die Energie des fließenden Wassers durch die einzelnen Grashalme gebrochen wird. An einem bewaldeten Hang haben Bäume und Büsche und die darunter wachsenden Kräuter und Moose eine noch viel stärkere Wirkung. Nur wenn eine solche schützende Pflanzendecke nicht vorhanden ist, wird die Energie des fließenden Wassers direkt in Erosion und Transport von Boden und Gestein umgesetzt.

Bodenerosion hat für die Landwirtschaft mehrere negative Effekte: zum einen geht fruchtbarer Boden verloren, zum anderen können Feldkulturen mit Bodenmaterial zugeschwemmt werden, nämlich dort, wo sich die Hangneigungen verringern, also am Unterhang. In Erosionsgebieten kann der Untergrund so stark zerschnitten werden, dass er landwirtschaftlich nicht mehr zu bearbeiten ist. Solche verwüsteten Ackerländer, die man in den USA zutreffend als „badlands" bezeichnet, weiten sich auf der ganzen Erde als Folge von Waldzerstörung und unsachgemäßer Bodennutzung immer mehr aus, besonders in halbfeuchten bis halbtrockenen Klimaten.

In der Landwirtschaft gäbe es eine Reihe von Bodenschutzmaßnahmen, um der Bodenerosion zu entgehen. Dazu gehört besonders der Humusaufbau, weil dadurch der Boden ein Schwammgefüge bekommt und in die Lage versetzt wird, mehr und schneller Wasser aufzunehmen und zu speichern. Aber auch der Anbau von Haupt-, Zwischen- und Unterfrüchten mit dem Ziel, eine möglichst ständige und weitgehend geschlossene Bodenbedeckung durch lebende Pflanzen oder tote Pflanzenreste zu schaffen, schützt den Boden (siehe Kap. 6.).

Die Fracht eines Flusses besteht aus drei Teilen: Chemisch gelöstes Material wird als *Lösungsfracht* unsichtbar, in Gestalt von Ionen, transportiert. Ton- und Schluffteilchen schweben als *Suspensionsfracht* im Wasser und trüben es. Sand, Kies und noch größere Fragmente bewegen sich rollend und springend am Grund eines Fließgewässers als *Grundfracht*. Je größer die Fragmente sind, desto höher muss die Fließgeschwindigkeit des Wassers sein, um sie in Bewegung zu setzen und zu halten. Verringert sich die Fließgeschwindigkeit, werden vorher gerade noch transportierte Gesteinsteile als *Sedimente* wieder abgelagert. Es ist leicht einzusehen, dass Abtragung, Transport und Ablagerung räumlich und zeitlich stark variieren können, vor allem in Abhängigkeit von Klima und Vegetation. Doch der Grundtrend ist ganz einfach: Flüsse sind ständig damit beschäftigt, Gestein von höheren in tiefere Reliefteile zu transportieren.

In Tiefenregionen können viele Kilometer mächtige Schichten sedimentiert werden, wenn der Untergrund dort langsam absinkt. Doch eines fernen Tages kann der Abstieg zum Stillstand kommen und von einem Aufstieg abgelöst werden. Dieser Vorgänge vollziehen sich so langsam, dass wir sie mit bloßem Auge nicht wahrnehmen können. Sie erreichen nur Geschwindigkeiten von einigen Millimetern bis Zentimetern pro Jahr. Lediglich mit den Präzisionsmessinstrumenten unserer Zeit können wir diese Bewegung erfassen. Das Emporsteigen eines Gebirges bis zu einigen Kilometern Höhe dauert also viele Jahrmillionen. Die Zeitspanne wird noch dadurch verlängert, dass das Gebirge vom selben Moment, von dem an es sich erhebt, von der Verwitterung angegriffen und fortlaufend abgetragen wird. Erst wenn die Geschwindigkeit des Aufstiegs langfristig größer ist als die der Abtragung, kann ein Gebirge überhaupt emporwachsen. Dessen Abtragungsprodukte werden wiederum in das nächste Ablagerungsbecken verfrachtet und lagern dort als Baumaterial für ein Gebirge der folgenden Generation (Abb. 33).

Am Kreislauf der Gesteine beteiligen sich mehr als dreitausend verschiedene *Minerale*, die aus den 92 chemischen Elementen, vom Wasserstoff bis zum Uran, aufgebaut sind. Diese elementaren Bausteine sind meist geometrisch regelmäßig angeordnet, wodurch die Form eines Kristalls entsteht. Wenn Kristalle einer oder mehrerer Mineralarten fest miteinander zusammengewachsen sind, sprechen wir von *Gesteinen*. Das wohl bekannteste Gestein ist der Granit; er besteht aus den Mineralen Feldspat, Glimmer und Quarz. Diese wiederum sind vorwiegend aus den Elementen Sauerstoff, Silicium, Aluminium, Calcium, Kalium, Natrium, Magnesium und Eisen zusammengesetzt.

Im Kontakt mit der Atmosphäre unterliegen alle Minerale und Gesteine, auch die härtesten, der Verwitterung, für die vor allem das Wasser verantwortlich ist. Am aggressivsten ist es, wenn in ihm Kohlenstoffdioxid, Schwefeldioxid, Stickstoffdioxid und Sauerstoff gelöst sind. Das Endprodukt der Verwitterung sind, wie bereits erwähnt, Ionen, die mit den Flüssen in Ablagerungsbecken transportiert werden und deren Salzgehalt ausmachen. Unter bestimmten chemischen Bedingungen entstehen am Ort der

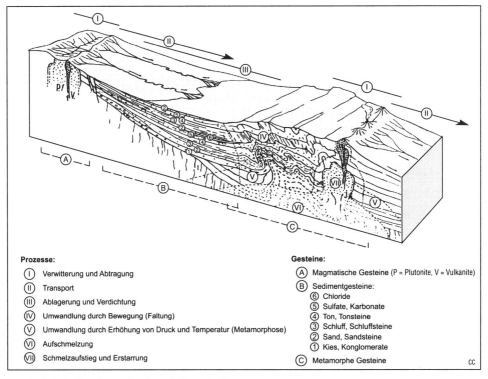

Abb. 33: Kontinentaler Gesteinskreislauf
(von links nach rechts in endloser Wiederholung fortlaufend)
Quelle: CLOOS 1963, S. 6

Verwitterung aber auch neue Minerale, so genannte Tonminerale. Sie haben als Nährstoff- und Wasserträger im Boden eine wichtige Funktion für die Pflanzenernährung.

Wie wir gesehen haben, verwittern aber viele Minerale und Gesteine gar nicht vollständig, sondern gelangen als mehr oder weniger stark zerkleinerte Bruchstücke in Ablagerungsbecken. Lagern sie sich Schicht auf Schicht, bei langsam absinkendem Untergrund, werden die Sedimente nach und nach zu *Sedimentgesteinen* verdichtet: Aus Ton werden Tonsteine, aus Schluff Schluffsteine, aus Sand Sandsteine.

Aber auch die im Wasser enthaltenen Ionen können abgelagert werden, nämlich dann, wenn das Wasser unter einem wüstenhaften Klima in flachen, epikontinentalen Becken verdampft. Dann werden Salze ausgefällt, zuunterst Karbonate, darüber Sulfate und schließlich Chloride. So sind Salzlagerstätten entstanden.

Wenn die Erdkruste unter den Ablagerungsbecken immer weiter einsinkt, wird oben immer wieder neuer Ablagerungsraum geschaffen. Aber mit zunehmender Tiefe werden die Gesteine durch die überlagernden Schichten immer höheren Drücken und Temperaturen ausgesetzt. Irgendwann machen sie eine Metamorphose durch und bilden neue Kristall- und Gesteinsverbände. Jetzt nennt man sie *metamorphe Gesteine.*

Schließlich erleiden die Gesteine eine Aufschmelzung und nehmen dann als Magma an den Strömungen des Erdmantels teil. Irgendwann und irgendwo können die Gesteinsschmelzen aber wieder aufsteigen. Einige bahnen sich ihren Weg bis zur Erdoberfläche, brechen dort in Vulkanen aus und erstarren schließlich als „Vulkanite". Andere bleiben dagegen in der Erdkruste stecken und erstarren dort als „Plutonite". Der Granit ist auf diese Weise entstanden. Plutonite und Vulkanite werden zusammen als *magmatische Gesteine* bezeichnet.

Erst durch spätere Hebung der Erdkruste und durch gleichzeitige oder anschließende Abtragung der überlagernden Gesteine sind Granite also an das Tageslicht gekommen. Auch die metamorphen Gesteine, zum Beispiel Gneis, mussten von ihren Deckgesteinen befreit werden, bevor sie an der Erdoberfläche erscheinen konnten. Das Gleiche gilt für die Sedimentgesteine, die erst als Sand- oder Kalksteingebirge im Relief der Erde sichtbar wurden, nachdem die sie bedeckenden Sedimente verwittert und abgetragen worden waren.

Wir sehen also, dass ein Gesteinskreislauf mit den Stationen Erstarrung, Verwitterung, Abtragung, Transport, Ablagerung, Verdichtung, Metamorphose, Aufschmelzung, Schmelzaufstieg, Erstarrung usw. keineswegs immer vollständig abläuft. Infolge vorzeitigen Krustenaufstiegs können auch Sedimente, Sedimentgesteine und metamorphe Gesteine an kurzgeschlossenen Gesteinskreisläufen teilnehmen (Abb. 34).

Im Norddeutschen Tiefland zum Beispiel unterliegen junge quartäre Gletscher- und Schmelzwassersedimente einer erneuten Verwitterung und Abtragung. Im Weserbergland sind ältere Sedimentgesteine, im Harz alte metamorphe und magmatische Gesteine betroffen. Hinter den geologischen Altersangaben „jung" und „alt" verbergen sich Zeitspannen zwischen einigen zehntausend und einigen hundert Millionen Jahren. Der Gesteinskreislauf ist also wesentlich langsamer als der Wasserkreislauf, aber auch er kann von Menschenhand beschleunigt werden, nämlich durch Zerstörung der Vegetations- und Bodendecke, weil dann Abtragung und Ablagerung von Gesteinsmaterial verstärkt werden.

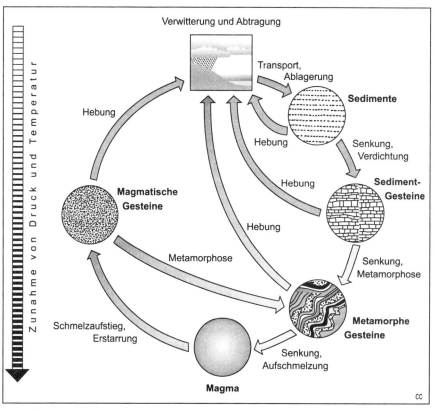

Abb. 34: Prozesse und Produkte des Gesteinskreislaufs
Quelle: PRESS u. SIEVER 1995, S. 56

Der hier dargestellte Gesteinskreislauf ist der klassische, d.h. kontinentale Gesteinskreislauf, aus der Sicht der Expansionstheorie der einzige Gesteinskreislauf, den es gibt. Wie am Anfang von Kapitel 4 bereits erwähnt und in Kap. 4.1 genauer dargestellt, postulieren die Plattentektoniker auch noch einen ozeanischen Gesteinskreislauf, den die Vertreter der Expansionstheorie aber für nicht existent halten. Zwar lassen Letztere als Folge der Erdexpansion ebenfalls neue ozeanische Kruste an den mittelozeanischen Rücken entstehen, aber sie lassen das Volumen der Ozeanbecken, entsprechend der Expansionsrate der Erde, größer werden. Sie lassen aber keine alte ozeanische Kruste durch Subduktion verschwinden. Die Entstehung der Ozeanbecken seit der Jurazeit hat für sie eine ganz andere Konsequenz: Der vorher ausschließlich epikontinental ablaufende Gesteinskreislauf müsste seither einen „Stoffauslauf" in die sich von dort an bildenden und vergrößernden Ozeanbecken bekommen haben. Der globale Gesteinskreislauf würde also seit Beginn der Jurazeit durch eine „Sedimentfalle" angezapft, nämlich durch die Ozeanbecken, aus denen sich die Sedimente nicht mehr in den Gesteinskreislauf rezyklieren lassen; sie wären ein für alle Mal den Kontinenten verloren gegangen, weil sie nicht rückholbar auf dem Meeresgrund deponiert wurden und weiterhin deponiert werden.

Wenn das richtig ist, dann ergäben sich daraus aber auch gravierende Konsequenzen für die Isostasie. Die leichten, aber dicken und deshalb tief in den flüssigen Erdmantel eintauchenden Kontinentalschollen würden in gleichem Maß aufsteigen, wie sie Gesteinsmasse an die Ozeanbecken abgeben. Da sie aber mit fortlaufendem Aufstieg immer mehr ausdünnen würden, verlören sie fortlaufend an Auftriebskraft. Und die Ablagerung der kontinentalen Abtragungsmassen auf dem Meeresgrund würde den Meeresspiegel fortlaufend steigen lassen, zusätzlich zu dem Meeresspiegelanstieg, der ja durch Einspeisung juvenilen Wassers aus dem Erdmantel bedingt sei.

Könnte es sein, dass eines Tages die Kontinentalschollen so weit ausgedünnt und ihre Oberflächen so weit planiert sind, dass sie der „Transgression" des Meeres zum Opfer fallen? Würden dann die Schelfzonen nicht, wie heute noch, auf schmale Randstreifen der Kontinente beschränkt sein, sondern würden sie die größten Teile der Kontinente einnehmen? Das ist in der Tat eine beklemmende Perspektive! Aber wenn das wirklich der Entwicklungsgang der Erde sein sollte, den wir nicht verändern können, dann müsste man wenigstens versuchen herauszufinden, wie schnell er abläuft. Für eine Beantwortung dieser Frage gibt es leider erst wenige Daten:

Aus den Sedimentdecken auf den Ozeangründen lassen sich die durchschnittlichen Sedimentationsraten während der letzten etwa 180 Mio. Jahre, nämlich mit etwa 1 km^3 pro Jahr, errechnen. Würden die Ozeanbecken ihre heutige Größe ($1,37 \times 10^9$ km^3) behalten, was aber nach der Expansionstheorie nicht der Fall ist, wären sie theoretisch nach etwa einer Milliarde Jahre mit Sedimenten aufgefüllt. Theoretisch deshalb, weil die Kontinente gar nicht in der Lage sind, diese Sedimentmenge zu liefern. Was sich aber sinnvoll aus dem Volumen der Meeressedimente errechnen lässt, das ist die durchschnittliche kontinentale Abtragungshöhe seit der Jurazeit, nämlich etwa 1 km.

In diesem Zusammenhang stellt sich auch die wichtige Frage, ob die Erdkruste – sowohl die kontinentale als auch die ozeanische – auf Abtragung einerseits und Ablagerung andererseits isostatisch wirklich reagiert. Zur Beantwortung dieser Frage existiert eine aufschlussreiche „Versuchsanordnung" der Natur. Seit Mitte des 18. Jahrhunderts ist bekannt, dass an der schwedischen und finnischen Ostseeküste die Ostsee ständig zurückweicht. Schon vor mehr als hundert Jahren kam man zu dem Schluss, es müsse sich um eine Hebung des Festlandes, nicht um eine Senkung des Meeresspiegels, handeln. Durch Untersuchung von früheren „Strand-Terrassen" ist man zu dem Ergebnis gelangt, dass sich ganz Skandinavien nach der letzten Eiszeit (seit 10.000 Jahren) in Gestalt eines SW-NE gestreckten Ellipsoidabschnitts aufgebeult hat, im Zentrum um mehr als 300 m! Auch heute noch ist dieser Aufstieg in Gang, wie man anhand von Wiederholungsnivellements bewiesen hat. Die maximale gegenwärtige Aufstiegsgeschwindigkeit ist am Nordende des Bottnischen Meerbusens mit 1 cm pro Jahr ermittelt worden. Die postglaziale Aufwölbung wird allgemein als eine Folge der Entlastung Skandinaviens von der letzten pleistozänen Gletschereisdecke interpretiert, deren Mächtigkeit auf maximal 2 km geschätzt wird. Entlastet wurde Skandinavien aber zusätzlich durch die Gesteinsmasse, welche die Gletschereisdecke abgetragen, nach Mittel- und Osteuropa transportiert und dort abgelagert hat.

Damit ist bewiesen, dass Abtragung zu Krustenaufstieg, Ablagerung dagegen zu Krustenabstieg führt, und dass somit das Isostasiekonzept wirklich richtig ist. Wenn also, wie ich soeben ausgeführt habe, die Kontinentalschollen seit der Jurazeit eine durchschnittlich etwa 1 km mächtige Gesteinsmasse verloren haben, die auf dem Meeresgrund verteilt ist, dann folgt daraus, dass die Kontinentalschollen etwa 1 km isostatisch aufgestiegen und um 1 km ausgedünnt worden sind. Und die ozeanische Kruste müsste um den jeweiligen Betrag ihrer Belastung durch Sedimente isostatisch abgesenkt worden sein. In Anbetracht der regional sehr unterschiedlichen Abtragungs- und Ablagerungsbeträge muss natürlich mit erheblichen Abweichungen vom Durchschnittswert gerechnet werden. Aber im Prinzip funktioniert die „Isostasie-Wippe". Allerdings wird deren Gleichgewichtsbestreben sehr wahrscheinlich permanent durch Strömungen im Erdmantel gestört. Und über diese Strömungen sind zwar in den vergangenen Jahren eine Reihe von Modellvorstellungen entwickelt worden, deren Tragfähigkeit aber nicht groß ist, insbesondere deshalb, weil sie nur auf der Theorie der Plattentektonik basiert. Die Frage also, wie schnell die Kontinente vom Meer überflutet werden, können wir leider noch nicht einmal annähernd beantworten.

Da in den Schichten der Meeressedimente die Erdgeschichte seit der Jurazeit dokumentiert ist, wie auf den Seiten eines von unten nach oben geschriebenen Buches, darf man die Zukunft der sedimentologischen Meeresforschung mit großer Spannung erwarten. Und es ist zu hoffen, dass die Beobachtungen und Messungen nicht nur mit der „Brille" der heutigen Plattentektonik interpretiert werden, sondern dass auch die Expansionstheorie angewandt wird. Möglicherweise schließen sich die beiden Theorien nicht aus, sondern ergänzen sich. Denn auf einer expandierenden Erde sind regional durchaus auch Subduktionsprozesse denkbar, aber sicher nicht annähernd in dem Umfang, der heute von den Plattentektonikern behauptet wird, um ihre Theorie plausibel erscheinen zu lassen.

Wer jedoch alle bisher bekannten Daten vorurteilsfrei betrachtet, insbesondere die Tatsache, dass alle Kontinente fast nahtlos als eine in sich geschlossene Erdkruste zueinander passen, wenn der Erddurchmesser ungefähr halb so groß ist wie heute, und die Tatsache, dass die kontinentale Kruste eine völlig andere Zusammensetzung und Struktur und ein wesentlich höheres Alter hat als die ozeanische Kruste, der muss eigentlich die Theorie der Erdexpansion für plausibler halten, auch wenn der Mechanismus der Expansion noch rätselhaft ist. Doch auch an dieser alles entscheidenden Stelle kündigt sich möglicherweise bereits ein wesentlicher Erkenntnisfortschritt an, nämlich durch die Gravitationsforschung (EDWARDS 2002).

Wenn aber die Expansion der Erde physikalisch bestätigt würde, müsste man solche Erkenntnisse mit sehr gemischten Gefühlen hinnehmen: Man stelle sich vor, die Erdexpansion ginge so weiter wie sie bisher abgelaufen sein soll, dann würden die Kontinentalschollen immer schneller der Meerestrans-gression zum Opfer fallen und zu Flachmeeren einer „panthalassischen" Erde werden, einer Erde, auf der die Entwicklung des Lebens vom Land zum Wasser zurückgeführt werden müsste, einer Erde, die auch immer heißer würde, vielleicht bis zu einem Faststern, der sie vielleicht schon einmal war, nämlich am Ende der Entwicklungsphase der planetaren Akkretion (vgl. Kap. 1.4.)

4.4. Lithosphärische Rohstoffe

Die auf natürliche Weise entstandenen Minerale der Erdkruste sind Rohstoffe für die wirtschaftenden Menschen. Zu den Rohstoffen zählen darüber hinaus natürlich auch die Bestandteile der Atmosphäre, der Hydrosphäre und der Biosphäre, die ebenso wie die mineralischen Rohstoffe für die verschiedensten Produktionsprozesse benötigt werden, ob es sich nun um Fluss- oder Grundwasser als Kühl- oder Spülmittel, um den Sauerstoff der Luft als notwendiger Bestandteil von Verbrennungsprozessen oder um Pflanzen und Tiere als „Rohstoffe" für die Nahrungsmittelproduktion handelt.

Ich will aber in diesem Zusammenhang nur auf die mineralischen Rohstoffe der Erdkruste eingehen, die auch als „Bodenschätze" bezeichnet werden. Eigentlich sollte man nicht von Bodenschätzen sprechen, denn der Begriff „Boden" bezeichnet nur den allerobersten Teil der Erdkruste, nämlich die von Pflanzen durchwurzelte und von zahlreichen Tieren und Pflanzen bewohnte Verwitterungszone. Zweifellos ist diese Zone insgesamt ein „Bodenschatz", der wichtigste überhaupt, denn ohne Boden hätten wir keine Nahrung. Der Boden ist nicht nur ein Teil der Lithosphäre, er ist auch ein Teil der Biosphäre (siehe Kap. 6.).

Wenn bestimmte Minerale oder Gesteine, die von der Wirtschaft gebraucht werden, gehäuft auftreten, spricht man von *Lagerstätten*. Erzlagerstätten zum Beispiel enthalten Metalle. Über die Abbauwürdigkeit einer Lagerstätte entscheidet letztlich die wirtschaftliche Nachfrage beziehungsweise der Preis, der auf dem Markt für einen mineralischen Rohstoff erzielt werden kann. Unter den Metallen muss Eisen zum Beispiel gegenwärtig mit 35 bis 40 % im Erz enthalten sein, Kupfer nur mit 1 %, Gold mit wenigen Gramm pro Tonne, damit sich die Erzförderung und –aufbereitung lohnt. Lagerstätten gibt es in allen Gesteinstypen; man spricht von magmatischen, sedimentären und metamorphen Lagerstätten (vgl. Kap. 4.3.).

Basische magmatische Lagerstätten enthalten vorwiegend die Elemente Eisen, Titan, Chrom, Nickel, Kobalt und Platin, also Stahlveredler. Dagegen findet man in *sauren magmatischen* Lagerstätten Gold, Blei, Zinn und Zink, aber auch Stahlveredler wie Wolfram, Molybdän, Wismut, Kobalt und Nickel sowie Uran. Aber nicht nur diese Metalle sind wirtschaftlich interessant. Auch die in den sauren magmatischen Lagerstätten enthaltenen großkörnigen Feldspat-, Glimmer- und Quarzminerale sind von Bedeutung, nämlich für die Glas- und Porzellanherstellung.

In *sedimentären* und *metamorphen* Lagerstätten können grundsätzlich dieselben Elemente enthalten sein wie in den magmatischen. Das ergibt sich aus dem Kreislauf der Gesteine (vgl. Abb. 34), denn zur Bildung dieses Lagerstättentyps haben vor allem Verwitterungsprozesse sowie Stofftransporte mit fließendem Oberflächen- oder Grundwasser und nachfolgende Sedimentationen oder chemische Ausfällungen geführt.

Bauxite zum Beispiel, der Rohstoff für die Aluminiumindustrie, sind fast ausschließlich sedimentärer Herkunft. Auch viele Eisen-, Kupfer-, Gold- und Uranlagerstätten sind so entstanden, ebenso wie die Salzlagerstätten, wie wir bei der Betrachtung des Gesteinskreislaufs (vgl. Kap. 4.3.) bereits gesehen haben. Zu den wohl wichtigsten sedimentären Lagerstätten zählen die fossilen Brennstoffe: Kohle, Erdöl und Erdgas.

Grundsätzlich betrachtet sind alle Elemente, Minerale und Gesteine, aus denen die Erdkruste besteht, mineralische Rohstoffe, vom kleinen Quarzkorn in einer flachen Sandgrube bis zum hochkarätigen Diamanten in einem tiefen Bergwerk. Über ihre Bedeutung und ihren Wert entscheidet allein der jeweilige Stand von Kultur, Wissenschaft und Technik und die wirtschaftliche Nachfrage.

Der zunehmende Verbrauch mineralischer Rohstoffe hat dazu geführt, dass einige von ihnen in Kürze zur Mangelware werden. Das gilt vor allem für die fossilen Brennstoffe, auf die ich im nächsten Kapitel (4.5.) gesondert eingehen will. Doch auch wenn andere mineralische Rohstoffe noch nicht in absehbarer Zeit erschöpft sein werden, so handelt es sich auch bei ihnen um begrenzte Vorräte, die irgendwann zur Neige gehen, die einen früher, die anderen später. Zumindest die Erschließungs- und Förderkosten werden mit zunehmender Knappheit und Nachfrage immer mehr ansteigen. Dieser Preisanstieg wird noch dadurch erheblich beschleunigt, dass die Förderung von mineralischen Rohstoffen sehr energieintensiv ist. Und gerade bei den mineralischen Energieträgern sind die größten Preisanstiegsraten zu erwarten.

Vor diesem Hintergrund betrachtet, ist es erforderlich, alle wieder verwertbaren mineralischen Abfallstoffe aufzufangen, aufzuarbeiten und wieder zu verwerten, um die begrenzten irdischen Ressourcen zu schonen. Ein solcher wirtschaftlicher Stoffkreislauf würde dem Prinzip der natürlichen Kreisläufe der Erde entsprechen (siehe Kap. 4.8.).

4.5. Energiegewinnung durch Rohstoffverlust?

Einige Elemente sind bereits viele Jahrhunderte bis Jahrtausende als Rohstoffe in Gebrauch und haben sogar zwei Kulturepochen ihren Namen gegeben: der Bronze- (Kupfer plus Zinn) und der Eisenzeit. Auch Gold ist seit Urzeiten bekannt und begehrt.

Uran dagegen wurde als Rohstoff erst interessant, nachdem im Jahre 1938 die Spaltbarkeit der Uran-Atomkerne entdeckt worden war. Bis zum Bau und kriegerischen Einsatz der ersten Atombomben im Jahre 1945 vergingen dann nur wenige Jahre.

Der Uranbergbau kam aber erst nach dem Zweiten Weltkrieg richtig in Gang, nicht nur infolge der rasch eskalierenden atomaren Aufrüstung, sondern auch, um die „friedliche" Nutzung der Atomenergie in Atomkraftwerken voranzutreiben, in der viele Wissenschaftler und Politiker die Lösung aller Energieprobleme der Zukunft sahen. Aber die Gewinnung von Atomenergie in Atomkraftwerken ist ebenso wenig friedlich wie der Bau von Atombomben. Das zeigen die Folgen von Reaktorunfällen, zum Beispiel in den USA (Harrisburg) und, wie geschildert, in der früheren UdSSR (Tschernobyl). Selbst der Normalbetrieb von Atomkraftwerken ist keineswegs harmlos, denn jeder Reaktor produziert zumindest radioaktive Abfälle, für die es keine sichere Entsorgung gibt (siehe Kap. 4.7.).

Für die gegenwärtige Energieversorgung der Menschheit spielen andere mineralische Rohstoffe eine viel größere Rolle als das Uran, nämlich die fossilen Brennstoffe, zu denen Kohle, Erdöl und Erdgas zählen. Mehr als vier Fünftel des elektrischen Stroms, der gegenwärtig produziert wird, stammt aus den fossilen Energieträgern; weniger als ein Fünftel wird aus Uran gewonnen. Bezogen auf den gesamten Primärenergieeinsatz, liegt der Atomenergieanteil sogar unter 5 %.

Wie sind die fossilen Brennstoffe entstanden? Kurz gesagt: aus toten Pflanzen und Tieren, die vor Jahrmillionen gelebt haben. Diese abgestorbenen Organismen sind in den epikontinentalen Becken der geologischen Vorzeit abgelagert und von anderen Sedimenten zugedeckt worden □– „fossil" heißt „begraben". Im weiteren Gang des Gesteinskreislaufs (vgl. Kap. 4.3.) sind die Sedimente zu Sedimentgesteinen verdichtet und teilweise sogar zu metamorphen Gesteinen umkristallisiert worden: Aus küstennahen Sumpfwäldern wurde Braun- und Steinkohle, Anthrazit und Graphit. Durch anschließende Hebung, Verwitterung und Abtragung der Erdkruste gelangten die Lagerstätten wieder nach oben, entweder bis an die Erdoberfläche, wo sie im Tagebau abgebaut werden können, oder bis in die Nähe der Erdoberfläche, von der aus sie durch Bergwerke zu erreichen sind.

Die meisten Experten vertreten die Auffassung, dass Erdöl und Erdgas aus totem pflanzlichen und tierischen Plankton entstanden seien. Die komplizierten geochemischen Reaktionsketten, an deren Ende die Kohlenwasserstoffe des Erdöls und Erdgases stehen, sind allerdings noch längst nicht aufgeklärt.

Einige Fachleute halten sogar eine ganz andere Entstehung der Kohlenwasserstoffe für möglich. Sie meinen, die Baustoffe von Erdöl und Erdgas könnten auch, zumindest teilweise, aus dem Erdinneren oder sogar aus dem Weltall stammen – auch in Meteoriten wurden Spuren von Kohlenwasserstoffen nachgewiesen. Vielleicht sind beide Erklärungen richtig, aber eines steht fest: Kohle-, Erdöl- und Erdgaslagerstätten haben sich vor allem deshalb bilden können, weil das Leben auf der Erde entstanden ist. Mit anderen Worten: Die heutigen Menschen, die Kohle, Erdöl und Erdgas in großen Mengen fördern, um sie als Brennstoff oder als Rohstoff in der chemischen Industrie einzusetzen, profitieren von dem Leben zahlloser Organismen der geologischen Vorzeit.

Angesichts des irreversiblen Verbrauchs der fossilen Brennstoffe stellt sich die Frage, wie lange die natürlichen Vorräte noch reichen. Die Antwort ist eindeutig: Nutzbare Erdöl- und Erdgaslagerstätten werden noch einige Jahrzehnte, nutzbare Kohlelagerstätten noch einige Jahrhunderte zur Verfügung stehen, wenn der Verbrauch wie bisher fortgesetzt wird. Die Hauptmengen der organischen Substanzen in der Erdkruste sind zu fein verteilt, als dass sie sich nutzen ließen. Der Energieaufwand für die Gewinnung wäre größer als der später mögliche Gewinn bei der Verwertung.

Das ist eine erschreckende Perspektive! Was sind Jahrzehnte und Jahrhunderte aus kulturgeschichtlicher Sicht? Wie sollen nachfolgende Generationen ihren Energiebedarf decken?

Da die heute allgemein gebräuchlichen Verfahren der Energiegewinnung auf dem Verbrennen von Kohle, Öl und Gas sowie auf der Spaltung von Urankernen basieren, sind sie mit einer nur begrenzt vermeidbaren Freisetzung von Schwefeldioxid, Kohlenwasserstoffen, Radionukliden und anderen problematischen Stoffen verbunden. Einigkeit besteht darüber, dass eine uneingeschränkte Einspeisung der meisten dieser Stoffe in Luft, Wasser und Boden biologisch nicht tragbar ist.

Erinnern wir uns, dass es seit dreieinhalb bis vier Milliarden Jahren Leben auf der Erde gibt. Zwar wissen wir nicht, warum es entstanden ist, aber wir wissen, dass es nicht entstanden wäre, wenn die Erdoberfläche nicht von Anfang an mit Sonnenenergie versorgt worden wäre. Zu dieser Erkenntnis sind wir Menschen, die intelligentesten Lebewesen auf der Erde, jedenfalls gelangt. Damit stellt sich die Frage, ob uns dieselbe Intelligenz, die uns diese Erkenntnis ermöglicht hat, nicht auch dazu verhelfen kann, die von der Sonne permanent zur Erde gelieferte Energie so zu nutzen, dass die irdischen Energiequellen in Zukunft nicht mehr angezapft zu werden brauchen.

Die Antwort: Unsere Intelligenz reicht zur Lösung dieser Aufgabe aus. Wir haben herausgefunden, dass uns die Sonne alle notwendigen Energieformen liefern kann: Wärme, elektrischen Strom und Kraftstoff. Wir können außerdem bereits heute feststellen, dass selbst hoch industrialisierte Länder in wenigen Jahrzehnten ihren gesamten Energiebedarf von der Sonne beziehen können.

Solarenergie lässt sich in vielfacher Weise nutzen: Man kann sie durch Kollektoren auf dem Dach absorbieren und so direkt Wasser erwärmen. Man kann auch Photozellen installieren, die aus Sonnenlicht elektrischen Strom machen, und mit diesem Strom kann man durch einfache Elektrolyse Wasserstoff produzieren, ein idealer Kraftstoff, denn er verbrennt zu Wasser. Wie wir wissen, treibt die Sonnenenergie in Zusammenarbeit mit der Erdrotation auch den irdischen Luftkreislauf (vgl. Kap. 2.1.) an, so dass wir Windrotoren, mit Generatoren versehen, in den Wind stellen können, um wiederum Strom oder Wasserstoff zu erzeugen. Wellen und Meeresströmungen sind weitere nutzbare solare Energiequellen. Auch Wasserkraft, die wir an Staudämmen gewinnen, ist nichts anderes als Sonnenenergie, denn der Wasserkreislauf (vgl. Kap. 3.1.) wird ja ebenfalls von der Sonne angetrieben. Und schließlich sind alle Produkte und Folgeprodukte der Photosynthese (siehe Kap. 5.1.), also Holz und Biogas, ebenso wie die fossilen Brennstoffe, Formen der Solarenergie.

Dass es heute noch einige technische Probleme bei der Verwirklichung der „Solar-Wasserstoff-Wirtschaft" gibt, ist unbestreitbar, aber es handelt sich um lösbare Probleme. Je intensiver daran gearbeitet wird, sie zu bewältigen, desto besser für uns, unsere Umwelt und unsere Nachwelt. Für den Zeitraum, der nötig wäre, um Solarenergie weltweit wirtschaftlich nutzen zu können, reichen die fossilen Brennstoffe auf jeden Fall noch aus. Außerdem könnte ein rationeller Umgang mit ihnen, zum Beispiel durch Kraft-Wärme-Kopplung, bessere Wärmedämmung, sparsamere Motoren usw. den Bestand der Vorräte noch erheblich strecken.

Im Übrigen darf nicht übersehen werden, dass die fossilen Brennstoffe auch wichtige Rohstoffe für die chemische Industrie sind. Schon unter diesem Aspekt wäre es unverantwortlich, diese Rohstoffe einfach zu verbrennen, denn Verbrennung heißt irreversible Vernichtung.

Uran sollte wegen der Gefahr der radioaktiven Kontamination der Biosphäre, die mit seiner Nutzung gekoppelt ist, überhaupt nicht mehr gefördert und verbraucht werden (siehe Kap. 4.6. und 4.7.).

Ob in Zukunft neben der Sonne eine weitere kosmische Energiequelle, nämlich die Schwerkraft, angezapft werden kann, lässt sich beim heutigen Stand des Wissens noch nicht entscheiden. Auf jeden Fall gibt es bereits umweltfreundliche Gezeitenkraftwerke, die ohne die gezeitenerzeugenden Schwer- und Fliehkräfte, in Verbindung mit der Erdrotation, nicht funktionieren würden (vgl. Kap. 3.1.).

Auch eine umweltfreundliche terrestrische Energiequelle könnte in weit größerem Umfang als bisher genutzt werden: der geothermische Wärmestrom
aus dem Erdinnern (vgl. Kap. 1.4.). Er heizt das tiefere Grundwasser so
stark auf, dass es sich in geologisch günstigen Gebieten bereits aus wenigen
Hektometern Tiefe fördern und für Heizzwecke nutzen lässt.

Dass eine forcierte Umstellung der Energiewirtschaft, weg von der Kernspaltung und der Verbrennung fossiler Brennstoffe, hin zur Nutzung
regenerativer Energiequellen, auch viele neue und sinnvolle Arbeitsplätze
schaffen würde, sei hier nur am Rande erwähnt.

4.6. Der so genannte Kernbrennstoffkreislauf

Die Befürworter der Atomenergie sprechen gern vom geschlossenen
„Kernbrennstoffkreislauf" (Abb. 35) Sie wollen dadurch den Eindruck erwecken, als handle es sich bei diesem um ein naturgemäßes, umweltfreund-
liches und unerschöpfliches Energiesystem. Tatsache ist, dass es einen geschlossenen Kreislauf weder bei der militärischen noch bei der zivilen Nutzung der Atomenergie gibt, denn zwischen dem Rohstoff Uran bzw. Thorium, der aus der Erdkruste genommen wird, und dem radioaktiven Abfall, zu
dem er gemacht wird, besteht kaum noch Ähnlichkeit. Denn beim Einsatz
der Kernbrennstoffe im Reaktor entstehen zwei Gruppen gänzlich anderer
Elemente, nämlich *Spaltprodukte* und *Transurane*, die es in der Natur nicht
gibt.

Spaltprodukte sind radioaktive Elemente, die durch die Spaltung eines Uran-
kerns in zwei Teile entstehen. Ihnen gehören etwa fünfzig verschiedene Elemente mit unterschiedlichen Massenzahlen an, zum Beispiel Krypton-85,
Strontium-90, Technetium-99, Ruthenium-106, Jod-129 und Caesium-137.

Transurane dagegen bilden sich nicht durch Kernspaltung, sondern durch
Aufnahme zusätzlicher Neutronen. Da sie höhere Massenzahlen haben als
das Uran-235, werden sie Transurane genannt. Sie sind durch vier Elemente
unterschiedlicher Massenzahlen vertreten: Neptunium, Plutonium, Ameri-
cium und Curium.

Spaltprodukte, Transurane und Urane bezeichnet man insgesamt als *Radionuklide*. Sie unterscheiden sich durch Strahlungsart, Halbwertzeit, Radioaktivität und Radiotoxizität. Alle Radionuklide sind biologisch schädlich, selbstverständlich auch die natürlichen Radionuklide Wasserstoff (H-3), Kohlen-

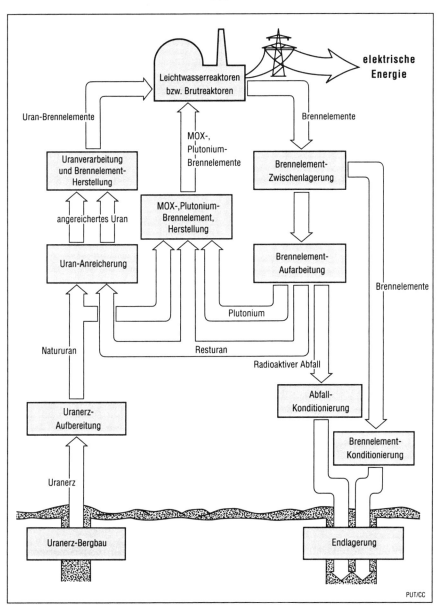

Abb. 35: Ziviler "Kernbrennstoffkreislauf"
Quelle: HILDENBRAND 1983

stoff (C-14), Kalium (K-40), Uran (U-235, U-238) und Thorium (Th-232) sowie die „Tochter-Nuklide" der drei zuletzt genannten Nuklide, die durch fortlaufenden Zerfall in drei Zerfallsreihen bis hin zum nicht mehr radioaktiven Blei (Pb-207, Pb-206, Pb-208) entstehen. Die Zerfallsgeschwindigkeit radioaktiver Elemente wird durch die Halbwertzeit ausgedrückt, in der ein radioaktiver Stoff die Hälfte seiner Masse durch Strahlung verliert. Auf diese Weise klingt die Strahlung eines Radionuklids erst nach zehn bis zwanzig Halbwertzeiten auf einen biologisch unbedenklichen Wert ab. Mit anderen Worten: Plutonium-239, mit einer Halbwertzeit von 24.400 Jahren, bleibt mehr als 240.000 Jahre, Neptunium-237, mit 2.100.000 Jahren Halbwertzeit, bleibt mehr als 20 Millionen Jahre lang gefährlich, und Jod-129, mit 17 Millionen Jahren Halbwertzeit, bringt es sogar auf mehr als 170 Millionen Jahre (Abb. 36).

Im Gegensatz zu allen anderen lebensschädlichen Substanzen, die von der Industriegesellschaft unserer Zeit produziert werden, lassen sich Radionuklide bisher durch kein physikalisches oder chemisches Verfahren unschädlich machen. Sie gehorchen allein dem Gesetz des radioaktiven Zerfalls nach den Halbwertzeichen. Ob wir an dieser Uhr jemals werden drehen können, ist sehr zweifelhaft.

Folglich besteht das Ziel der „Entsorgung" radioaktiver Abfälle darin, Radionuklide so zu lagern, dass sie möglichst lange von der Biosphäre abgeschirmt bleiben. Bei kurzlebigen Radionukliden, mit Halbwertzeiten bis zu einigen Jahren, ist dieses Ziel leicht zu erreichen. Bei langlebigen hingegen, die erst nach Hunderttausenden oder gar vielen Millionen von Jahren abgeklungen sind, ist es unerreichbar. Denn an keiner Stelle der Erde, auch nicht in tiefen Bergwerken, können wir die radioaktiven Abfälle militärischer oder ziviler Herkunft so sicher lagern, dass sie nicht irgendwann im „Getriebe" des Wasser- und Gesteinskreislaufs aufgerieben werden und an die Erdoberfläche zurückkehren. Von einer „sicheren" Entsorgung radioaktiver Abfälle kann also grundsätzlich nicht gesprochen werden. Ob die Radionuklide früher oder später freigesetzt werden, hängt davon ab, wie lange eine geologische „End"lagerstätte vom Wasserkreislauf isoliert bleibt.

Der Einsatz von Uran oder Thorium im Kernreaktor führt also neben der Produktion von elektrischem Strom vor allem zur Produktion radioaktiver Elemente, die es in der Natur nicht gibt. Es liegt auf der Hand, dass die Freisetzung großer Mengen derartiger Substanzen zu einer außerordentlichen Belastung des Lebens auf der Erde führen muss. Während der Betrieb von Kernreaktoren vor allem die gegenwärtig lebenden Generationen gefährdet und schädigt, sind von der Endlagerung hauptsächlich die nachfolgenden Generationen betroffen, die gegen unsere Entscheidungen und Aktivitäten nicht einmal protestieren können.

Wie die natürlich entstandenen Elemente der Erde nehmen auch „unsere" künstlichen Radionuklide am Biozyklus teil. Lebewesen sind nicht in der

Radionuklide	Strahlung	Halbwertzeit (in Jahren)	Kritische Organe (beim Menschen)
Spaltprodukte:			
Tritium (H)-3	Beta	12	Ganzkörper
Krypton (Kr)-85	Beta, Gamma	11	Haut, Lunge, Ganzkörper
Strontium (Sr)-90	Beta	28	Knochen
Zirkonium (Zr)-93	Beta	900.000	Blut
Technetium (Tc)-99	Beta	210.000	Knochen, Leber, Nieren
Ruthenium (Ru)-106	Beta	1	Blut
Rhodium (Rh)-106	Beta, Gamma	<1	Blut
Antimon (Sb)-125	Beta, Gamma	3	Nieren
Tellur (Te)-125	Beta, Gamma	<1	Nieren
Jod (J)-129	Beta, Gamma	17.000.000	Schilddrüse
Caesium (Cs)-134	Beta, Gamma	2 ⎫	
Caesium (Cs)-135	Beta	2.000.000 ⎬	Muskeln, Leber Ganzkörper
Caesium (Cs)-137	Beta	30 ⎭	
Cer (Ce)-144	Beta, Gamma	<1	Knochen, Blut
Praseodym (Pr)-144	Beta, Gamma	<1	Blut, Knochen
Promethium(Pm)-147	Beta, Gamma	3	?
Samarium (Sm)-151	Beta, Gamma	87	Blut, Knochen
Europium (Eu)-154	Beta, Gamma	16 ⎫	Blut, Nieren
Europium (Eu)-155	Beta, Gamma	2 ⎭	
und andere			
Uran und Transurane:			
Uran (U)-234	Alpha, Gamma	247.000	Blut, Knochen
Uran (U)-235	Alpha, Gamma	710.000.000 ⎫	
Uran (U)-236	Alpha, Gamma	24.000.000 ⎬	Blut, Nieren
Uran (U)-238	Alpha, Gamma	4.510.000.000 ⎭	
Neptunium (Np)-237	Alpha, Gamma	2.100.000 ⎫	Knochen
Neptunium (Np)-239	Alpha, Gamma	<1 ⎭	
Plutonium (Pu)-238	Alpha, Gamma	86 ⎫	
Plutonium (Pu)-239	Alpha, Gamma	24.400	Lunge, Lymphknoten,
Plutonium (Pu)-240	Alpha, Gamma	6.600 ⎬	Knochen,
Plutonium (Pu)-241	Beta, Gamma	13	Rückenmark, Leber
Plutonium (Pu)-242	Alpha, Gamma	380.000 ⎭	
Americium (Am)-241	Alpha, Gamma	458 ⎫	
Americium (Am)-242	Alpha, Gamma	150 ⎬	Nieren, Knochen
Americium (Am)-243	Alpha, Gamma	7.950 ⎭	
Curium (Cm)-243	Alpha, Gamma	32 ⎫	Knochen
Curium (Cm)-244	Alpha, Gamma	18 ⎭	
und andere			

PUT/CC

Abb. 36: Radionuklidinventar bestrahlter Uran-Brennelemente
Quellen: GEISS u. PASCHKE 1979, LIPPSCHUTZ 1980, SAUER 1982

Lage, sie von stabilen Elementen der gleichen Atomart oder chemisch ähnlicher Atomarten zu unterscheiden. Sie werden deshalb genauso wie die unschädlichen Substanzen absorbiert und für den Bau- und Betriebsstoffwechsel verwendet. Beim Menschen zum Beispiel sammeln sich die beiden radioaktiven Isotope des Jods (J-129 und J-131) besonders in der Schilddrüse. Strontium (Sr-90), das der Organismus nicht vom stabilen Calcium unterscheiden kann, wird zum Aufbau des Knochengerüstes verwandt. Es zerfällt mit einer Halbwertzeit von 28 Jahren zu Yttrium (Y-90), einem immer noch radioaktiven Element. Dieses wiederum wird besonders in den Geschlechtsorganen und in einer Drüse des Gehirns (Hypophyse) angereichert. Caesium (Cs-137) ist nicht von stabilem Kalium unterscheidbar; es sammelt sich vor allem im Muskelfleisch. Die Folgen der äußeren und inneren Bestrahlung durch Radionuklide sind bekannt: Blockierung wichtiger biologischer Steuerungsvorgänge, Zellschädigungen, Immunschwäche, Krebs, Missbildungen, Erbschäden.

Besonders Reaktorunfälle, zum Beispiel im Jahre 1986 im Atomkraftwerk Tschernobyl (vgl. Kap. 2.2.), führen zur Emission großer Mengen von Radionukliden. Doch auch beim Normalbetrieb eines Kernreaktors werden ständig Radionuklide über den Kamin und mit dem Kühlwasser an die Umgebung abgegeben.

Viel Radioaktivität wird bei der Wiederaufarbeitung von verbrauchten Brennelementen freigesetzt, die der Rückgewinnung von Rest-Uran, vor allem jedoch der Produktion von Atomwaffenplutonium dient. Aus einem Gemisch der beiden Elemente Pu-239 und U-235 kann man auch MOX (= Mischoxid)-Brennelemente herstellen, die sich erneut im Reaktor zur Stromgewinnung einsetzen lassen.

Die Umweltbelastung durch Kernbrennstoffe beginnt bereits beim Uranbergbau, denn das in Lagerstätten konzentrierte Uranerz ist ja, wie gesagt, von Natur aus radioaktiv. Die beiden Isotope (U-235, U-238) zerfallen mit Halbwertzeiten von 710 Millionen beziehungsweise 4,5 Milliarden Jahren über zwei lange Reihen weiterer kurz- und langlebiger radioaktiver Elemente bis hin zum Blei. Entsprechendes gilt für das natürliche radioaktive Element Thorium (Th-232) und seine Zerfallsreihe. Beim Uran- und Thoriumbergbau und der Aufbereitung der Erze werden also wesentlich größere Mengen an Radionukliden an die Erdoberfläche geholt, als dort von Natur aus vorhanden wären.

Auch die weiteren Stationen der Kernbrennstoffbehandlung, die Urananreicherung und -verarbeitung sowie die Herstellung der Brennelemente, sind weder emissionsfrei noch ungefährlich, wie eine Explosion im Hanauer Brennelementewerk am 12. Dezember 1990 gezeigt hat. Doch ist die daraus resultierende Umweltbelastung und –gefährdung, im Vergleich zum Betrieb von Atomreaktoren und Wiederaufarbeitungsanlagen, fast vernachlässigbar gering.

Die letzten Stationen nuklearer Umweltgefährdung vor der Endlagerung in der Erdkruste bilden schließlich Zwischenlager für Wiederaufarbeitungsab-fälle, ausgediente Brennelemente und verschrottete Atomwaffen sowie Konditionierungsanlagen, in denen alle diese Abfälle für die Endlagerung vorbereitet und verpackt werden.

Analysieren wir noch einmal den Begriff des Kernbrennstoffkreislaufs. Zwischen Uranbergbau und Endlagerung haben die ursprünglichen Elemente eine technische „Metamorphose" durchlaufen, bei der neue, naturfremde Elemente entstanden sind. Deren anschließende „Reise" mit dem Gesteins-kreislauf stellt im Rahmen der natürlichen Stoffkreisläufe der Erde ein No-vum dar. Auf dem Weg von der Urangewinnung zur Endlagerung bleiben außerdem viele Radionuklide auf der Strecke. Sie gelangen als Emissionen direkt in die Kreisläufe der Atmo-, Hydro- und Biosphäre und können in kurzer Zeit die gesamte Erdoberfläche belasten, wie wir aus Atomwaffen-tests und dem Reaktorunfall von Tschernobyl erfahren haben. Der angeb-lich geschlossene Kernbrennstoffkreislauf ist also mehr oder weniger offen. Nicht einmal die „Rezyklierung" von Uran und Plutonium verdient diese Bezeichnung. Denn deren Wiederverwertung muss aus technischen Grün-den nach zwei bis drei Umläufen eingestellt werden. Sie vergrößert nur die Menge künstlicher Radionuklide, und zwar erheblich. Die Nutzung der Atom-energie führt also letztlich zu einer endlosen Deformierung des Lebens auf der Erde (Abb. 37).

Hier sei auch noch einmal an das „Naturkatastrophenpotential" (kosmische Kollisionen, Erdbeben, Vulkanausbrüche) im Kernbrennstoffkreislauf erin-nert, das sich prinzipiell nicht beherrschen lässt und zu plötzlichen radiolo-gischen Schäden kaum vorstellbaren Ausmaßes führen kann. Träfe nämlich ein Himmelskörper von nur einem halben bis einem Kilometer Durchmes-ser die Erdkruste, würde ein Erdbeben ausgelöst, dessen Energie etwa hun-dertmal größer wäre als die des stärksten bisher gemessenen Erdbebens. Im Umkreis von mehreren tausend Kilometern würden alle Atomkraftwerke durch den „Kosmo-GAU" zerstört. Die dabei plötzlich freigesetzten radio-aktiven Substanzen würden zu einer Katastrophe von solchen Ausmaßen führen, dass eine Fortsetzung menschlichen und anderen Lebens auf der Erde sehr unwahrscheinlich wäre (Tollmann und Tollmann 1993).

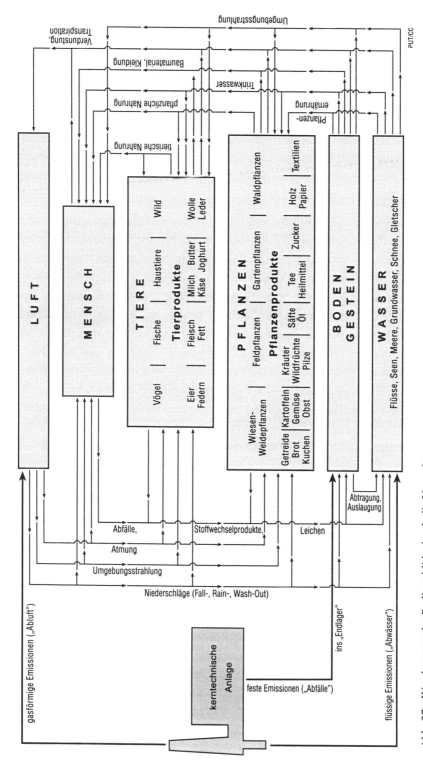

Abb. 37: Wanderwege der Radionuklide durch die Umwelt
Entwurf: E. GRIMMEL

Erfreulicherweise ist jetzt in Deutschland mit dem Ausstieg aus der Atomenergienutzung, wenn auch halbherzig, so doch wenigstens begonnen worden: Zwischen der Bundesregierung und den Energieversorgungsunternehmen ist im Jahre 2000 eine durchschnittliche Laufzeit von 32 Jahren für jedes Atomkraftwerk vereinbart worden; neue Atomkraftwerke sollen nicht mehr gebaut werden; das letzte Atomkraftwerk soll im Jahre 2021 abgeschaltet werden. Doch bis dahin werden die 19 deutschen Atomkraftwerke neben kurzlebigem Strom auch 15.000 t langlebigen Atommüll in Form bestrahlter Brennelemente „produziert" haben, für die es keine Entsorgungsmöglichkeit gibt (siehe Kap. 4.7.).

4.7. Zur „Endlagerung" radioaktiver Abfälle

Trotz jahrzehntelanger Bemühungen hat bisher kein Land der Erde ein akzeptables Konzept für eine einigermaßen sichere Lagerung radioaktiver Abfälle entwickeln können. Dennoch sind gegenwärtig in fast 30 Ländern der Erde mehr als 400 Kraftwerkreaktoren und etliche weitere Reaktoren ausschließlich für die Atomwaffenproduktion in Betrieb. Allein in Deutschland lagern bereits mehr als 5.000 t hochradioaktiver abgebrannter Brennelemente, außerdem etwa 50.000 m³ schwach- bis mittelaktiver Abfälle, abgesehen von den stillgelegten und noch stillzulegenden Atomkraftwerken und anderen atomtechnischen Anlagen mit ihren zum Teil stark verstrahlten Bauteilen.

Einigkeit besteht heute darüber, dass eine Endlagerung radioaktiver Abfälle nur als Tieflagerung in der kontinentalen Erdkruste durchgeführt werden darf. Aber nach welchem Konzept? In welchen Gesteinen? In welchen geologischen Strukturen? Und schließlich – an welchen Standorten? Von einer seriösen Beantwortung jeder dieser Fragen sind wir noch weit entfernt. Trotzdem wird die „Produktion" radioaktiver Abfälle fortgesetzt.

Eine Lösung des Problems der Endlagerung, das heißt, einen sicheren Abschluss der Radionuklide von der Biosphäre für Zeitspannen von zehn bis zwanzig Halbwertzeiten, gibt es, wie gesagt, nur für kurzlebige Nuklide. Die langlebigen kehren früher oder später mit dem Gesteins- und Wasserkreislauf in die Biosphäre zurück und werden zum Schadstoffbestand des Biozyklus. Ist denn, vor diesem Hintergrund betrachtet, eine unkontrollierbare Endlagerung in der Erdkruste überhaupt nötig? Sollte man die Abfälle nicht besser in oberirdisch zugänglichen Bauwerken unter Verschluss halten? Die oberirdische Lagerung ist sicherlich so lange die sicherste Art der Aufbewahrung, bis die geowissenschaftlich bestmögliche Form der Tieflagerung in der Erdkruste gefunden ist; denn wir können wohl kaum von nachfolgenden Generationen erwarten, dass sie unseren Atommüll ad infinitum kontrollieren und bewachen.

Wir brauchen uns nur vorzustellen, dass unsere Vorfahren, zum Beispiel zur Zeit der Neandertaler, die vor etwa 100.000 Jahren lebten, Atommüll-Lager hinterlassen hätten, die wir überwachen müssten. Es wären heute erst vier Halbwertzeiten des Plutonium-239 und nicht einmal ein 1/20 einer Halbwertzeit des noch schädlicheren Neptunium-237 abgelaufen.

Auf jeden Fall wird oberirdisch gelagerter und unbetreuter Atommüll durch Verwitterung und Abtragung der Deponien viel früher diffus in die Biosphäre verteilt als tief gelagerter Abfall. Deshalb ist die Tieflagerung in der Erdkruste der bestmögliche Weg, Atommüll zu entsorgen. Sie ist aber nur eine Notlösung, keine Lösung der Entsorgung.

International sind sich die Fachleute darüber einig, dass an einem Endlagerstandort das so genannte Multibarrieren-Konzept verwirklicht werden muss. Das heißt, dass mehrere voneinander weitgehend unabhängige geologische und technische Barrieren für einen langfristigen Abschluss eines Endlagers von der Biosphäre erforderlich sind. Zu den technischen Barrieren zählen die Abfallmatrix (z.B. Glas), die Verpackung der Abfälle (z.B. Metallcontainer) und die Verfüllung der Einlagerungshohlräume in der Erdkruste. Als geologische Barriere bezeichnet man die Endlagerformation mit dem Wirtgestein und das Deckgebirge.

Übereinstimmung herrscht auch darin, dass eine Langzeitisolierung der Abfälle von der Biosphäre nur durch die geologischen Barrieren geleistet werden kann. Um die Qualität geologischer Barrieren beurteilen zu können, bedarf es eines detaillierten Vergleichs zwischen verschiedenen

- Endlagerkonzepten (z.B. Bergwerkkonzept, Tiefbohrlochkonzept) (Abb. 38),
- Wirtgesteinen (z.B. Granit, Basalt, Tuff, Ton, Salz),
- Endlagerformationen (z.B. Granitplutone, Salzstöcke),
- Standorten.

Das seit 1977 beispielsweise in Deutschland praktizierte Vorgehen entspricht diesen Anforderungen nicht. Die zuständigen Bundesbehörden haben sich von Anfang an auf Steinsalz als Wirtgestein und Salzstöcke als Endlager-

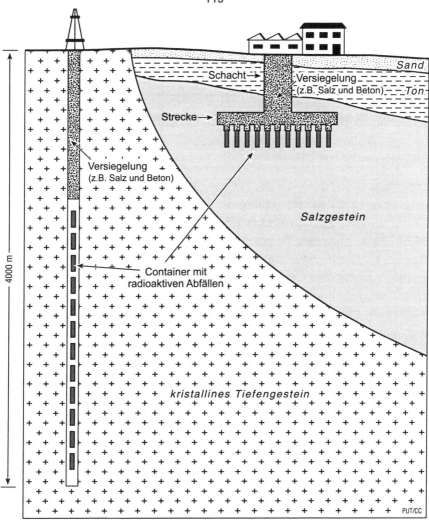

Abb. 38: Schematischer Vergleich von Tiefbohrloch- und Bergwerkkonzept
bei der Endlagerung radioaktiver Abfälle
Quelle: Ringwood 1980, S. 158

formation, zumindest für hochradioaktive Abfälle, festgelegt, ohne eine vergleichende Bewertung der Alternativen durchzuführen und ohne die bekannten chemisch-physikalischen von Salz und die geologischen Schwächen von Salzstöcken beachtet zu haben.

Gravierend ist weiterhin der Tatbestand, dass seit 1979 nur ein einziger Standort, nämlich Gorleben, untersucht wird und dass man sich geweigert hat, Kriterien zu benennen, anhand derer man die Qualität der Untersuchungsergebnisse nachvollziehbar bewerten könnte. Statt dessen wurde behauptet, die Bewertung des Standortes sei erst nach Abschluss aller Untersuchungen möglich. Dazu seien nicht nur Bohrungen, sondern auch der Bau eines „Erkundungsbergwerks" erforderlich. Dieses Vorgehen widerspricht den elementaren Grundsätzen wissenschaftlicher Methodik, da die genannten vergleichenden Untersuchungen beziehungsweise Bewertungen nicht durchgeführt worden sind. Außerdem schafft es politische und finanzielle Sachzwänge, die dazu führen können, dass schließlich ein minderwertiger Standort für geeignet erklärt wird.

Spätestens nach Abschluss der Bohrungen im Jahre 1984 hätte eine seriöse geowissenschaftliche Bewertung der Bohrergebnisse zu der Entscheidung führen müssen, den Standort Gorleben aufzugeben. Das ist nicht geschehen. Ohne Besinnungspause begann man noch im selben Jahr mit dem Bau des Bergwerks. Erst im Jahre 2000 hat man erkannt, dass Steinsalz als Endlagergestein, Salzstöcke als geologische Formation und Gorleben als Standort doch wohl nicht besonders geeignet sind und deshalb vereinbart, die Erkundung des Salzstockes in Gorleben für mindestens drei Jahre, längstens jedoch für zehn Jahre zu unterbrechen. Um dann weiterzumachen? Oder den Standort Gorleben aufzugeben?

Werfen wir einen Blick auf die geologische Entwicklungsgeschichte der norddeutschen Salzstöcke, eine Perspektive, die uns helfen wird, die bisherigen Ergebnisse der Untersuchungen am Standort Gorleben zu bewerten.

In der Perm-Zeit, vor etwa 250 Millionen Jahren, existierte in weiten Teilen Mittel- und Osteuropas ein epikontinentales Becken. Die Sedimente, die in diesem Becken abgelagert wurden, waren größtenteils *Evaporite* („Verdunstungsgesteine"). Insgesamt wurden bis zu 2.000 m mächtige Schichten aus Steinsalz ($NaCl$), Kalisalzen (KCl, $MgCl_2$, $KMgCl_3$ x $6H_2O$ u.a.), Anhydrit ($CaSO_4$) und Salzton abgelagert.

Die Basis des Beckens senkte sich in den nachfolgenden geologischen Zeiten weiter ab, so dass die Evaporite mit einem Schichtpaket von 2.000 bis 4.000 m Mächtigkeit überlagert wurden. In diese Deckschichten („Deckgebirge") sind zwar auch noch einzelne Salzlager eingeschaltet, aber zum überwiegenden Teil bestehen sie aus Kalk, Sand, Silt und Ton. Der zunehmende Überlagerungsdruck verfestigte die Sedimente nach und nach zu Sedimentgesteinen (vgl. Kap. 4.3.). Heute liegen nur noch die tertiären und quartären Schichten in weitgehend lockerer Form vor; und zwar handelt es sich vorwiegend um Meeres- und Küstensedimente (Tertiär) sowie Gletschereis- und Schmelzwassersedimente (Quartär). Sie haben eine Dichte von 2,1- 2,4 g/cm³. Dagegen sind die darunter folgenden Schichten auf 2,4-2,7 g/ cm³ höher verdichtet worden.

Der größten Druckeinwirkung waren die zuunterst liegenden Permsalze ausgesetzt. Doch trotz sehr hohen Überlagerungsdrucks haben sie sich nicht über einen durchschnittlichen Wert von 2,2 g/cm³ verdichten lassen. Auch noch in anderer Hinsicht verhalten sich Salzgesteine abweichend von anderen Sedimentgesteinen: Sie reagieren unter Druck relativ plastisch, das heißt, sie können aus Bereichen höheren Drucks in solche geringeren Drucks kriechen. Auf diese Weise bilden sich zuerst flache „Salzkissen" und später, beim Aufstieg und Durchbruch der Salze durch das Deckgebirge, steil aufragende „Salzstöcke" (Abb. 39).

Der Salzaufstieg („Diapirismus") setzt sich so lange fort, bis ein weit gehender Schwereausgleich des Salzkörpers mit den umgebenden Gesteinen erreicht ist. Bei den vorhandenen Dichteunterschieden müssten die Salzstöcke eigentlich bis über die Erdoberfläche hinausgetrieben werden. Dennoch findet man bei uns keinen Salzstock an der Erdoberfläche, denn unter dem heutigen feuchten mitteleuropäischen Klima gelangen die Salzstöcke bei ihrer Annäherung an die Erdoberfläche in den Einflussbereich des Grundwassers. Hier werden die Salze gelöst („abgelaugt") und mit den Grundwasserströmen forttransportiert. Am oberen Ende des Salzstocks entsteht dadurch eine Kappungsfläche, die man „Salzspiegel" nennt.

Über den Salzspiegel reichern sich die schwer oder gar nicht löslichen Rückstände des Salzstocks, wie Gips und Ton, an und werden zu einem „Gipshut" verbacken. Wäre die Aufstiegsrate größer als die Ablaugungsrate, müssten die Salzstöcke an der Erdoberfläche auftauchen, wie das zum Beispiel im ariden Iran der Fall ist.

Doch auch in Mitteleuropa hat es in der jüngsten erdgeschichtlichen Vergangenheit Bedingungen gegeben, unter denen ein höherer Aufstieg der Salzstöcke als heute möglich war. Das geschah unter den subpolaren Klimabedingungen in den quartären Kaltzeiten, als Dauerfrostboden im Umland der Gletscher eine Grundwasserneubildung verhinderte, weil Wasser nicht versickern konnte. Damals hoben viele Salzstöcke ihre gefrorenen Deckschichten an und verursachten Aufbeulungen an der Erdoberfläche. In den Warmzeiten wurde das Salz verstärkt gelöst. Dabei entstanden so genannte Subrosionssenken an der Erdoberfläche, weil Deckschichten und Gipshut nachsackten.

Im Einzelnen sind große Unterschiede in Beginn und Ablauf der Salzwanderung festzustellen. Viele Salzkörper sind über das Salzkissenstadium nicht hinausgekommen oder als Salzstöcke in größerer Tiefe stecken geblieben; andere liegen mit ihrem Salzspiegel dicht unter der Erdoberfläche

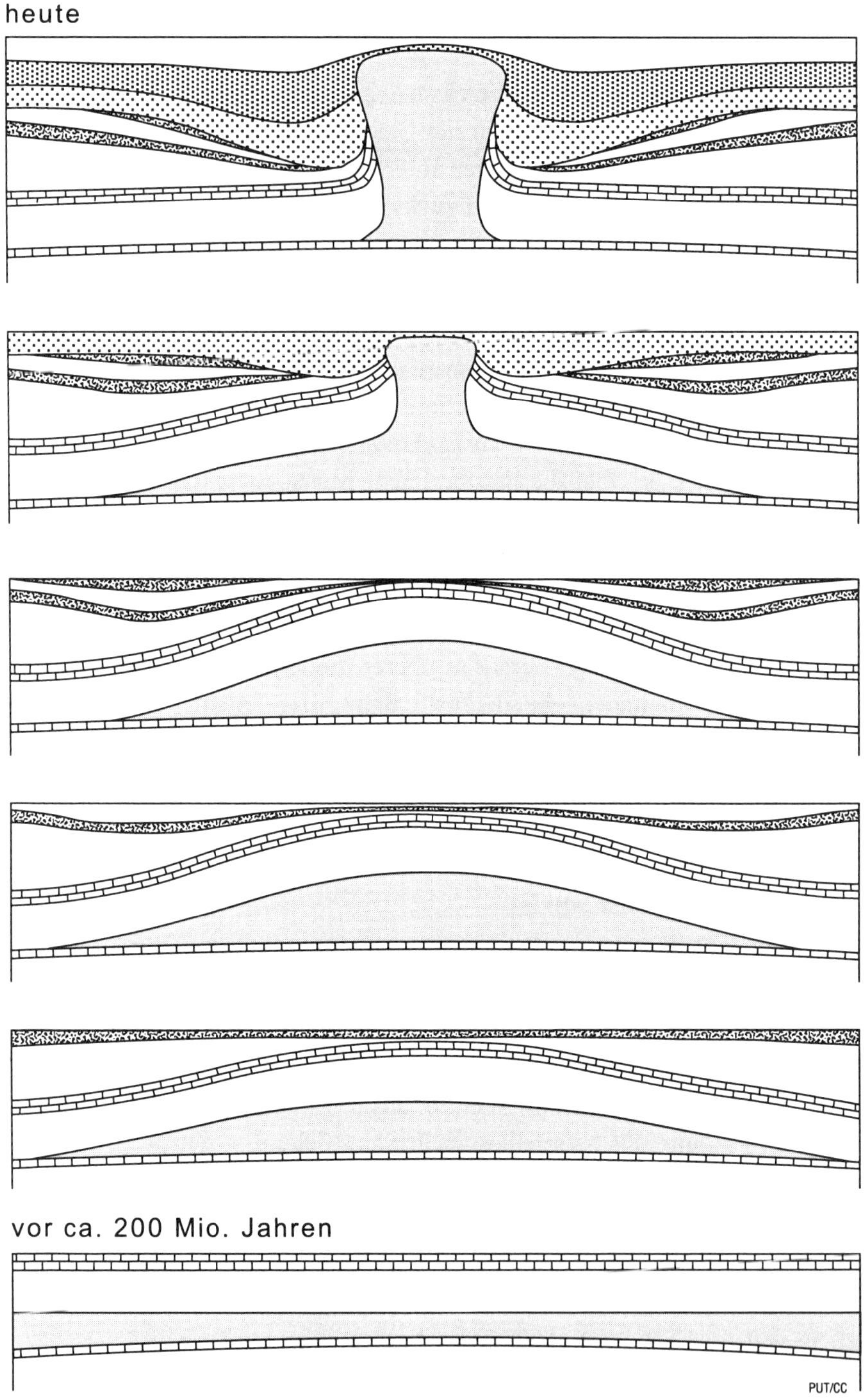

heute

vor ca. 200 Mio. Jahren

PUT/CC

Abb. 39: Entstehung eines Salzstocks
Quelle: GERA 1972, S. 3555

und steigen noch weiter auf. Allen Salzstöcken gemeinsam ist, dass die ursprünglich horizontal lagernden Evaporite beim Aufstieg außerordentlich stark und kompliziert gefaltet wurden und dass besonders die spröde reagierenden Evaporite (Anhydrit, Salzton) dabei vielfach zerbrochen sind, so dass Grundwasser über Klüfte und Spalten bis tief in solche Salzstöcke eindringen kann, bei denen vor allem Anhydritschichten vom Salzspiegel gekappt wurden (Abb. 40).

Betrachtet man Steinsalz und Salzstöcke unter dem Aspekt der Endlagerung radioaktiver Abfälle, so zeigt sich, dass sie im Vergleich zu anderen Gesteinen und geologischen Formationen wesentliche Nachteile aufweisen. Der von Salzbefürwortern immer wieder betonte „Vorteil" von Steinsalz als Wirtgestein, nämlich seine äußerst geringe Wasser- und Gasdurchlässigkeit aufgrund hoher Plastizität, erweist sich bei komplexer Betrachtung als zweifelhaft: Diese Wissenschaftler behaupten, die in einem Endlagerbergwerk deponierten radioaktiven Abfälle würden vom plastisch sich verformenden Steinsalz nach und nach fest eingeschlossen und könnten deshalb nicht mehr mit der Biosphäre in Verbindung treten. Sie verschweigen jedoch, dass große zusammenhängende Bereiche von chemisch reinem Steinsalz in der Natur kaum vorkommen. Denn meistens ist Steinsalz nicht nur durch andere Salze „verunreinigt", sondern weist auch eingefaltete Kalisalzschichten auf.

Aber Kalisalze enthalten hohe Anteile an Kristallwasser, das unter dem Wärmeeinfluss hochradioaktiver Abfälle abgegeben wird. Dabei wandelt sich festes Salzgestein in flüssige Salzlösung um. Außerdem enthalten Salzgesteine bis zu vielen Kubikmetern umfassende Einschlüsse von Salzlösungen („Laugenspeicher"). Dieser wandern zu Wärmequellen hin, also zu hochaktiven Abfällen („Thermomigration"). Schließlich erreichen die Salzlösungen die Wärmequellen. Unter hohen Gebirgsdrücken und Temperaturen stehend, sind Salzlösungen chemisch besonders aggressiv; sie zerstören die technischen Barrieren der Abfälle in wenigen Jahrzehnten, höchstens einigen Jahrhunderten. Dabei kommt es zu vielfältigen Wechselwirkungen zwischen Salzlösungen und Abfällen.

Unter anderem entstehen große Mengen gasförmigen Wasserstoffs. Wenn dieser nicht entweichen kann, etwa weil infolge der Plastizität des Salzgesteins alle Spalten im Salzstock geschlossen sind, durch die sonst ein Druckausgleich nach oben hätte stattfinden können, bauen sich Drücke auf, die schließlich zum Bersten des Salzstocks führen können. Dabei und durch das anschließend weiter fortschreitende Zusammenkriechen („Konvergenz") des Salzes können die hochradioaktiven Lösungen aus dem Salzstock in das Deckgebirge und somit in das Grundwasser ausgepresst werden.

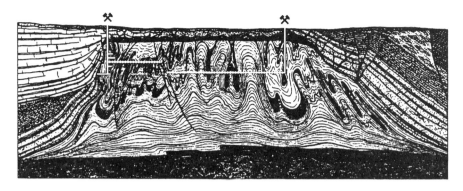

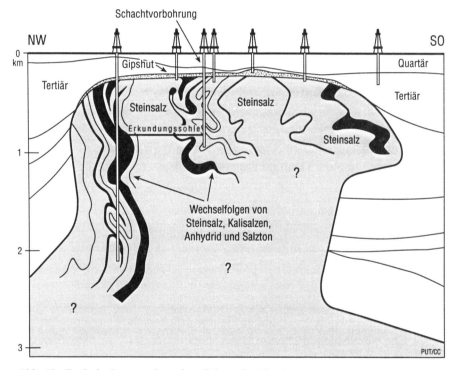

Abb. 40: Typische Innenstruktur eines Salzstocks (oben)

Bisherige Kenntnisse über die Innenstruktur des Salzstocks Gorleben-Rambow aufgrund der Interpretationen von Bohrungen - NW-SW-Profil südlich von Gorleben (unten)

Quellen: SEIDL, 1921, S. 129 (oben)
Bundesamt für Strahlenschutz 1990, S. 50 (unten)

Aber nicht nur der Kontakt der radioaktiven Abfälle mit Salzlösungen ist problembehaftet. Auch trockenes Salz ist instabil: Es wird durch die Gamma-Strahlung der Abfälle in metallisches Natrium und Chlorgas gespalten („Radiolyse"), die sich im Kristallverband des Steinsalzes anreichern. Später kann es zu explosiven Rückreaktionen ($2Na + Cl_2 \rightarrow 2NaCl$) unter Freisetzung großer Wärmemengen kommen. Dabei können sowohl die technischen als auch die geologischen Barrieren zerstört beziehungsweise beschädigt werden.

Im Übrigen führt der permanente Wärmeeintrag seitens der hochradioaktiven Abfälle auch zu einem verstärkten Diapirismus des Salzstocks. Ob ein Salzbergwerk dabei überhaupt stabilisiert werden kann, ist sehr fraglich.

Doch plastische Deformationen von Salzgestein in der Tiefe schließen spröde Reaktionen weiter oben nicht aus. Etwa als Folge des Bergbaus können über einem Bergwerk durch Zugspannungen Risse und Spalten entstehen, durch die Grundwasser aus dem Deckgebirge eindringen würde. Dadurch könnte das gesamte Bergwerk volllaufen. Im Gegensatz zu Bergwerken in anderen Gesteinen (z.B. Granit) ist ein Leerpumpen „ersoffener" Salzbergwerke erfahrungsgemäß nicht möglich, denn die extrem hohe Wasserlöslichkeit von Stein- und Kalisalzen sorgt dafür, dass nachströmendes Grundwasser die Spalten schneller erweitert, als sie durch die Konvergenz geschlossen werden können.

Aus diesen und weiteren Gründen wird zum Beispiel in Kanada und in den USA eine Endlagerung radioaktiver Abfälle in Salz nicht verfolgt. Doch in Deutschland hat man sich am Salz „festgebissen", obwohl spätestens nach Abschluss der übertägigen Erkundung im Jahre 1984 feststand, dass der Salzstock Gorleben-Rambow (Abb. 41) als Endlager ungeeignet ist, nicht nur aus allgemein physikalisch-chemischer, sondern auch aus regionalgeologischer Sicht; denn

- Der Salzstock ist nicht durch eine hinreichend mächtige und lückenlose Tondecke von den grundwasserführenden Schichten über dem Salzstock abgeschirmt (Abb. 42);

- Der Salzstock ist nicht in Ruhe, sondern bis in quartäre Zeiten aufgestiegen und steigt noch weiter auf;

- Der Salzstock hat durch Salzauflösung bereits einen großen Teil seiner Substanz verloren und wird noch weiter abgelaugt;

- Der Salzstock weist eine sehr komplizierte Innenstruktur mit Lösungs- und Gaseinschlüssen auf (Abb. 40 unten).

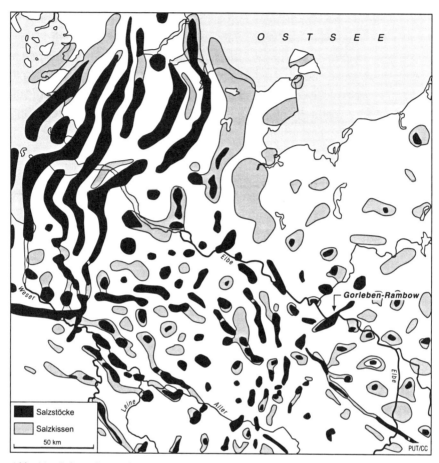

Abb. 41: Salzstrukturen im mittleren Norddeutschland
      Quellen: Geol. Jahrbuch, A 10, 1973
              Petermanns Geogr. Mitt., 109, 1956, Tafel 32
              Geol. Karte der BRD 1 : 1 Mio., 1973

Aber wohin mit dem Atommüll? Da das mitteleuropäische Bruchschollen-
land aus geologischen, hydrologischen und klimatischen Gründen keine
akzeptablen Voraussetzungen für eine Endlagerung radioaktiver Abfälle liefert, sollten internationale Lösungen gesucht werden, die Endlagerstandorte
mit folgenden Eigenschaften bieten:

- Mechanisch und chemisch weit gehend stabile Endlagerformationen in
  großer Tiefe mit niedrigem Rohstoffpotential, damit die Wechselwirkungen zwischen Abfällen und Gestein möglichst gering, die
  Radionuklidwanderwege zur Biosphäre möglichst weit und die Gefährdung der Endlager durch zukünftige Rohstoffsuchende, die von der Existenz der Endlager eventuell nichts mehr wissen, möglichst klein sind
  (petrographische Barriere);

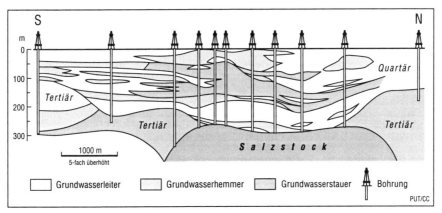

Abb. 42: Struktur des Deckgebirges über dem Salzstock Gorleben-Rambow
Quelle: PTB 1983, S. 58

- Hohe tektonische Stabilität in der geologischen Vergangenheit, damit die Wahrscheinlichkeit zukünftiger Aufbrüche der Endlager durch Erdkrustenbewegungen möglichst gering ist *(tektonische Barriere)*;

- Kontinentale Binnenentwässerung, damit aus Endlagern entweichende Radionuklide nicht über Flüsse ins Weltmeer gelangen können, sondern räumlich begrenzt festgehalten werden *(morphologische Barriere)*;

- Arides Klima, damit aus Endlagern entweichende Radionuklide keine zumindest in der geologischen Gegenwart dicht besiedelten und intensiv genutzten Kulturlandschaften schädigen können *(klimatologische Barriere)*.

Angesichts der extrem langen Halbwertzeiten vieler Radionuklide und in Anbetracht der langfristigen Umwälzungen der Erdkruste im Rahmen des Gesteinskreislaufs sowie kurz- und mittelfristiger klimatischer und hydraulischer Veränderungen auf der Erde gewährleistet selbstverständlich auch das soeben dargestellte Barrierensystem keinen absoluten Schutz der Biosphäre vor den Radionukliden. Eben darum gibt es keine Lösung, sondern nur eine Notlösung der Endlagerung, und deshalb sollte die Produktion weiterer radioaktiver Abfälle unverzüglich eingestellt werden.

Ob eine Endlagerung radioaktiver Abfälle in Zukunft durch die Transmutationsforschung entschärft werden kann, lässt sich beim heutigen Stand von Wissenschaft und Technik noch nicht beantworten. Aber vielleicht gelingt es eines Tages, möglicherweise schon in einigen Jahrzehnten, vielleicht auch erst in Jahrhunderten, langlebige radioaktive Isotope in großem industriellen Umfang in kurzlebige umzuwandeln.

4.8. Rezyklierung von nichtradioaktiven Abfällen

Radioaktive Abfälle können bekanntlich durch kein physikalisches oder chemisches Verfahren unschädlich gemacht oder gar wieder verwertet werden. Deshalb bleibt für sie nur eine Endlagerung in der Erdkruste übrig. Von „Entsorgung" kann dabei keine Rede sein, aber eine andere Chance haben wir nicht, die Radionuklide, möglichst lange von der Biosphäre abgeschirmt, auf weniger schädliche Aktivitätsniveaus abklingen zu lassen.

Der für radioaktive Abfälle bestmögliche Weg ist dagegen für alle anderen Abfallstoffe der schlechteste. Denn außer den radioaktiven Abfällen gibt es kaum einen Abfallstoff, der nicht wieder verwertbar wäre oder sich nicht unschädlich machen ließe. Die meisten Abfallstoffe sind potentielle Rohstoffe, ganz gleich, ob man an die verschiedenen Industrie- oder Haus- oder Agrarabfälle denkt. Ob Bestandteile eines Endproduktes oder eines unerwünschten bei der Produktion abfallenden Nebenproduktes, sie lassen sich auffangen und nach mehr oder minder aufwendiger physikalischer, chemischer oder biologischer Aufarbeitung als Rohstoffe in den Produktionsprozess zurückführen.

Ausnahmen von dieser Regel bilden die toxischen Stoffe, die bereits bei ihrer Anwendung oder später, bei ihrem Verschleiß, diffus in der Biosphäre verteilt werden und deshalb nicht mehr greifbar sind. Dazu gehören vor allem die im Land- und Gartenbau eingesetzten Biozide sowie viele Anstreichmittel zum Schutz gegen biotische oder korrosive Zerstörung. Weiterhin zählen zu dieser Kategorie die Haushaltschemikalien, vor allem Reinigungsmittel, die einfach mit dem Abwasser „entsorgt" werden. Hier müsste in jedem Einzelfall die Umweltverträglichkeit nachgewiesen, andernfalls ein Produktionsverbot ausgesprochen werden. Alle anderen Abfälle verursachen keine grundsätzlichen wissenschaftlichen oder technischen Probleme, höchstens ökonomische, die aber überwindbar sind, wie wir gleich sehen werden.

Werden die Abfälle nicht wieder verwertet, landen sie schließlich auf einer Deponie. Früher nannte man solche Orte „Müllkippen". Der Unterschied zwischen den „wilden" Müllkippen früherer Jahre und den „geordneten" Deponien der heutigen Zeit besteht lediglich darin, dass heute größere Mengen und gefährlichere Schadstoffe länger als früher zusammengehalten werden, bevor sie sich irgendwann ebenfalls ausbreiten. Denn weder geologische Barrieren (z.B. Tonschichten) noch technische Barrieren (z.B. Plastikfolien) als Oberflächen- oder Basisabdichtungen von Deponien können langfristig eine Schadstoffausbreitung durch den Wasser- und Gesteinskreislauf verhindern (Abb. 43).

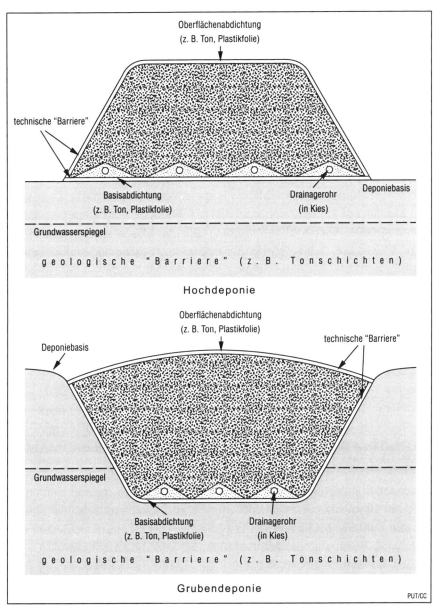

Abb. 43: Hoch- und Grubendeponien an der Erdoberfläche im Vergleich (schematisch)
Quelle: DÖRHÖFER 1988

Dabei ist vor allem zu bedenken, dass viele Abfallstoffe nicht nur giftig sind, sondern auch langfristig giftig bleiben, weil es sich um synthetisch hergestellte Substanzen handelt, die es in der Natur nicht gibt und gegen die die Natur folglich auch keine Abwehr- und Selbstreinigungsmechanismen hat entwickeln können. Die Folge ist, dass solche Stoffe früher oder später eine chemische Langzeitbelastung der Biosphäre verursachen.

Nachdem man gemerkt hat, dass die Erdoberfläche ein zu auffälliger und anstößiger Ort für eine unbegrenzte Auftürmung von Müll ist, propagiert man die Müllverbrennung als effektivsten Weg der Entsorgung. Doch durch eine Verbrennung werden Abfälle nicht aus der Welt geschafft. Zwar wird ihr Volumen auf 1/3 reduziert, und einige schädliche Verbindungen werden auch abgebaut. Aber Müllverbrennungsanlagen blasen auch Stäube, Salzsäure, Flusssäure, Schwefeldioxid, Stickoxide, Dioxine und andere Schadstoffe in die Luft. Auch die Schlacken aus der Müllverbrennung enthalten zahlreiche umweltschädliche Bestandteile. Es ist geplant, für sie Untergrunddeponien in Salzstöcken anzulegen. Ein „Tieflager" für hochtoxischen Chemiemüll wird bereits seit Jahren in einem hessischen Salzbergwerk, bei Herfa-Neurode, betrieben.

In Zukunft will man in norddeutschen Salzstöcken Kavernen für die Tieflagerung von Müll durch einfaches Ausspülen („Aussolen") mit Süßwasser herstellen. Die zigarrenförmigen Kavernen sollen bis zu 300 m hoch sein, Durchmesser bis 50 m haben und zwischen 1.000 und 2.000 m unter der Erdoberfläche liegen. Eine einzige Kaverne kann etwa 150.000 m³ Abfallstoffe „schlucken" (Abb. 44).

Am ersten Standort sollen zunächst zwanzig Kavernen ausgesolt werden. In den mehr als zweihundert verschiedenen Salzstöcken Norddeutschlands lässt sich die Zahl der Müllkavernen fast beliebig vergrößern, dem Bedarf entsprechend. Wenn also die Müllverbrennung und die anschließende Deponierung der Verbrennungsrückstände in Salzkavernen – oder neuerdings auch in ehemaligen ostdeutschen Salzbergwerken – in Mode kämen, würde kaum noch an Vermeidung, Verwertung und Entgiftung von Abfallstoffen gedacht. Aber irgendwann werden die in den Salzkavernen versteckten chemischen Schadstoffe, ebenso wie die in einem Endlagerbergwerk vergrabenen radioaktiven Abfälle, wieder an der Erdoberfläche erscheinen, da ja die Lithosphäre, ebenso wie die Hydro-, Atmo- und Biosphäre, dem Gesetz der irdischen Stoffkreisläufe unterworfen ist. Irgendwann werden also Lebewesen von ihnen geschädigt werden. Ob dieses früher oder später geschieht, ist letztlich irrelevant. Auf jeden Fall ist also eine Deponierung von toxischen

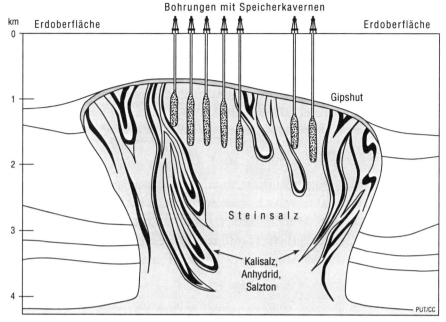

Abb. 44: Profil durch einen Salzstock mit Speicherkavernen (schematisch)
Quelle: HOFRICHTER 1984

Abfällen weder an der Erdoberfläche noch im Untergrund eine Lösung der Abfallentsorgung.

Aber nicht nur Lebewesen ferner Zukunft würden von unseren Kavernen betroffen sein. Ebenso wie bei einem Endlagerbergwerk für radioaktive Abfälle sind auch bei Müllkavernen geomechanische und geohydraulische Prozesse möglich, die für einen relativ kurzfristigen Rücktransport von Schadstoffen aus Salzkavernen in die Biosphäre sorgen können, eventuell sogar schon während der Betriebszeit eines Kavernenfeldes: Die Konvergenz des Salzes, also sein Bestreben, Hohlräume durch Zusammenkriechen wieder zu schließen, führt in einem mit Kavernen durchsetzten Salzstock zu Spannungen. Dabei können Klüfte und Spalten im Salzkörper aufreißen und Grundwässern den Weg in die Kavernen freimachen (vgl. Kap. 4.7.).

Technische Mittel, die Kavernen vor dem Eindringen von Wasser zu schützen, gibt es nicht. Die betroffenen Kavernen würden voll laufen („ersaufen"), ohne dass man die Möglichkeit hätte, sie wieder leer zu pumpen. Anschließend würde die weiter fortschreitende Konvergenz des Salzes die zwischenzeitlich kontaminierten Salzlösungen in das Deckgebirge des Salzstocks auspressen und somit in den Wasserkreislauf zurückführen.

Aus der Tatsache, dass auch Untergrunddeponien keine unbegrenzt wirksame Isolierung von Schadstoffen gegenüber der Biosphäre gewährleisten, ergeben sich folgende Konsequenzen:

1. Vor der Produktion von Abfällen sollte gewissenhaft geprüft werden, wo Abfälle vermieden oder zumindest mengenmäßig reduziert werden können (Prinzip *Vermeiden/Vermindern*).

2. Alle verwertbaren Abfallstoffe sollten aufgearbeitet und wieder verwertet werden (Prinzip *Rezyklieren*) (Abb. 45).

3. Alle nicht verwertbaren giftigen Abfallstoffe sollten gar nicht erst produziert oder durch physikalisch-chemisch-biologische Behandlung in ungiftige Stoffe umgewandelt werden, damit sie irgendwo deponiert oder unmittelbar in die natürlichen Stoffkreisläufe eingeschleust werden können, ohne die Umwelt jemals zu gefährden (Prinzip *Entgiften*).

4. Wenn Umwandlungen in ungiftige Stoffe nicht möglich sind, sollten für die Ablagerung der Abfallstoffe natürliche geologisch-geochemische Umgebungen ausgewählt werden, in denen die Langzeitemissionen der Abfallstoffe nicht schädlicher sind als die dort jetzt oder später ohnehin ablaufenden natürlichen Emissionen. Das gilt beispielsweise für Bergwerke in ausgebeuteten Erzlagerstätten, in denen niedrig konzentrierte Schwermetallabfälle abgelagert werden könnten (Prinzip *Naturäquivalentes Ablagern*).

Damit diese naturgemäßen Entsorgungswege auch wirklich beschritten werden, ist es erforderlich, umweltverschmutzendes und umweltgefährdendes Produzieren, Transportieren und Konsumieren finanziell durch „Umweltverschmutzungsabgaben" so stark zu belasten, dass Angebot und Nachfrage in solchen Fällen automatisch zurückgehen zu Gunsten umweltverträglicher Produkte, Transport- und Produktionsverfahren.

Ein Ordnungsrahmen könnte grob skizziert etwa so aussehen: Produzenten werden vor die Alternative gestellt, entweder ihre Abfälle selbst aufzuarbeiten und wieder zu verwerten oder diese, stofflich getrennt, in zentralen Aufarbeitungs- bzw. Entgiftungsstätten („Recycling-Center") abzuliefern. Im zweiten Fall sollten im Recycling-Center „Abfallabgaben" in einer Höhe entrichtet werden, die gewährleistet, dass die Aufarbeitung der Abfälle und der anschließende Verkauf der durch Rezyklierung gewonnenen Substanzen oder die Entgiftung nicht wieder verwertbarer Stoffe sichergestellt ist. Das stofflich getrennte Auffangen der Abfälle ist deshalb so wichtig, weil Abfallgemische die Aufarbeitung unverhältnismäßig erschweren: Es ist leicht,

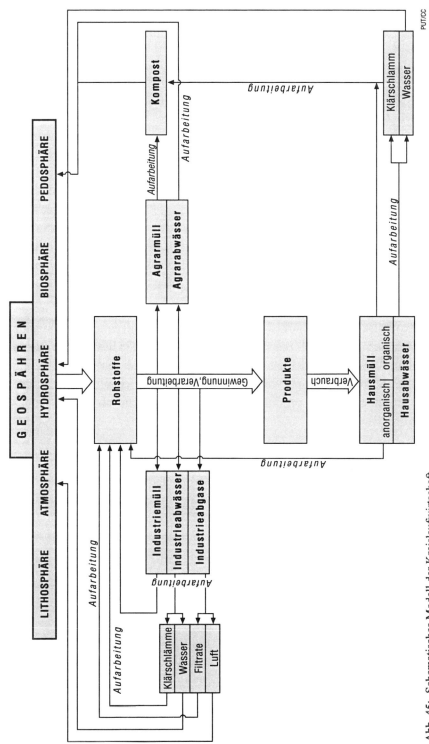

Abb. 45: Schematisches Modell der Kreislaufwirtschaft
Entwurf: E. GRIMMEL

die Milch in den Kaffee zu gießen, aber schwer, sie wieder herauszuholen. Dieses „Aufarbeitungsgebot" gilt selbstverständlich für alle festen, flüssigen und gasigen Abfallstoffe.

Jedes Endprodukt sollte auch in seiner späteren Eigenschaft als Müll im Hinblick auf seine Wiederaufarbeitungs- oder Entgiftungskosten bewertet werden. Diese Kosten sollten als „Müllaufschlag" in den Preis der Endprodukte eingehen. Die Konsumenten wie die Produzenten müssten dazu verpflichtet werden, ihren nach zweckmäßigen Kategorien getrennt zu sammelnden Müll ins Recycling-Center zu bringen oder bringen zu lassen („differenzierte Müllabfuhr"). Um einen optimalen Rücklauf zu bekommen, sollte man im Recycling-Center attraktive „Recycling-Pfandbeträge" auszahlen, die beim Verkauf der Produkte einbehalten wurden. Für die Verbraucheraufklärung wäre es wichtig, wenn an jedem Produkt der prozentuale Anteil des Müllaufschlags am Kaufpreis und der Recycling-Pfandbetrag deutlich sichtbar ausgewiesen wären.

Dass eine Umstrukturierung der heutigen Wirtschaft nach den hier skizzierten ökologischen und marktwirtschaftlichen Grundsätzen auch viele neue und zugleich sinnvolle Arbeitsplätze schaffen würde, sei hier nur am Rande erwähnt. Dieses Modell lässt sich allerdings nur unter der Voraussetzung realisieren, dass ein Import von Billiggütern, die im Ausland ohne adäquate Umweltschutzauflagen produziert worden sind, durch Schutzzölle behindert wird.

5. Die Biosphäre

Die Biosphäre ist die Schale der Erde, in der Lebewesen existieren. Deren Körper sind aufgebaut aus Komponenten der Atmosphäre, der Hydrosphäre und der Lithosphäre (vgl. Abb. 11). Jede dieser drei Sphären ist also lebenswichtig, obwohl die Lebewesen je nach Art unterschiedliche Lebensräume bewohnen bzw. bevorzugen: z.B. Fische das Wasser, Lurche Wasser und Land und Entenvögel Luft, Wasser und Land.

5.1. Der Kreislauf von Wasserstoff, Kohlenstoff und Sauerstoff: Photosynthese und Atmung

Trotz weit reichender geologischer, biologischer und physikalischer Erkenntnisse wissen wir bis heute nicht, warum Leben auf der Erde – und sehr wahrscheinlich auch auf weiteren Planeten im Weltall – entstanden ist. Aber wo Begriffe fehlen, stellen sich bekanntlich Worte ein, und so hat man nicht nur den „Urknall", sondern auch noch die „Ursuppe" erfunden, in der das Leben der Erde entstanden sein soll.

Das Konzept der Ursuppe hat der russische Biologe *Alexandr Iwanowitsch Oparin* (1894-1980) bereits in den zwanziger Jahren des 20. Jahrhunderts entwickelt. Nach seinen Vorstellungen, die noch heute weitgehend Geltung haben, entstand das Leben im so genannten Urozean der Erde in der Zeit, als die Uratmosphäre bereits Wasserstoff (H_2), Wasser (H_2O), Ammoniak (NH_3), Schwefelwasserstoff (H_2S), Methan (CH_4) und Kohlenstoffdioxid (CO_2), jedoch noch keinen freien Sauerstoff (O_2), enthielt. Da zudem eine Ozon (O_3)-Schicht fehlte, war es der energiereichen Ultraviolettstrahlung der Sonne möglich, in die oberen Schichten des Urozeans einzudringen und organische Verbindungen herzustellen. Stabil blieben diese organischen Moleküle nur deshalb, weil kein freier Sauerstoff da war, der sie hätte oxidieren können.

Wie und warum aus den organischen Verbindungen lebende Organismen wurden, wer der „Koch" der Ursuppe war, konnten weder Oparin noch andere Wissenschaftler klären. Irgendwie und irgendwo bildete sich in der Ursuppe ein Konglomerat verschiedener organischer Moleküle, das nicht nur zusammenhielt, sondern auch noch andere Verbindungen aus der Umgebung „importierte" und zu einer „Materialverarbeitung" überging, bei der sich die biochemischen Prozesse des Wachstums, der Zellbildung und der Zellteilung entwickelten.

Wahrscheinlich wurde die irdische Ursuppe auch durch extraterrestrische „Importe" angereichert – jedenfalls fand man in den vergangenen Jahren einfache organische Verbindungen in Meteoriten. Ob es sich dabei um kosmische „Zufalls"bildungen handelt oder ob sie aus Kollisionen und Fragmentierungen ehemals belebter ferner Planeten hervorgegangen sind, lässt sich bisher nicht beantworten.

Vor etwa drei Milliarden Jahren gelang der Natur eine phantastische „Entdeckung", die den organischen Produktionsprozess von Grund auf revolutionierte: Cyanobakterien waren die Ersten, die es schafften, die festen Verbindungen von Kohlenstoff und Sauerstoff (CO_2) und Wasserstoff und Sauerstoff (H_2O) zu spalten und im selben Arbeitsgang daraus neue Produkte, nämlich Kohlenhydrate ($C_6H_{12}O_6$), herzustellen und in diesen Sonnenenergie zu speichern.

In einer einfachen chemischen Formel lässt sich dieser Produktionsprozess, die *Photosynthese*, so ausdrücken:

$$6\,CO_2 + 6\,H_2O \quad \overset{\text{Photosynthese}}{\underset{\text{Atmung}}{\rightleftarrows}} \quad C_6H_{12}O_6 + 6\,O_2$$

Doch so einfach die Formel auch sein mag, so kompliziert ist der biochemische Vorgang, und es ist bis heute nicht gelungen, diesen Prozess, den alle grünen Pflanzen seit drei Milliarden Jahren beherrschen, technisch nachzuahmen.

Das „Abfallprodukt" der Photosynthese ist, wie die Formel ausweist, freier Sauerstoff, der als Gas in die Atmosphäre abgeleitet wird. Deren chemische Zusammensetzung hat sich in den vergangenen drei Milliarden Jahren fortlaufend verändert: Der CO_2-Anteil der Atmosphäre ist von etwa 20 % auf 0,04 % reduziert, der O_2-Anteil dagegen von 0 % auf 21 % erhöht worden (vgl. Kap. 2. und 2.3.). Angesichts dieser Zahlen stellen sich zwei Fragen: Wie lange reicht der Vorrat an dem Rohstoff CO_2 noch, um die Photosynthese zu ermöglichen? Wie ist das Leben mit seinem Abfallprodukt Sauerstoff fertig geworden?

Beide Probleme sind von der Natur auf eine elegante Weise bewältigt worden, nämlich durch die „Erfindung" der Atmung. Bei der Atmung wird der Sauerstoff als Roh- bzw. Brennstoff genutzt, um organische Verbindungen wieder abzubauen, zu CO_2 und H_2O. Atmung ist also nichts anderes als die Umkehr der Photosynthese, bei der die gespeicherte Sonnenenergie in Form von Wärme frei wird, um als „Treibstoff" für den „Motor" des Lebens zu dienen.

Da die grünen Pflanzen zu dieser Umkehr nicht in ausreichendem Maße fähig sind, mussten andere Lebewesen sie unterstützen, die sich auf diese „Aufgabe" voll konzentrierten. Das waren pflanzenfressende Tiere und nichtgrüne Pflanzen (Bakterien, Pilze), die sich von lebenden oder toten organischen Substanzen ernährten.

Pflanzen und Tiere „betreiben" also gemeinsam den Kreislauf von Photosynthese und Atmung, auf dem das irdische Leben seit drei Milliarden Jahren basiert. In ihm sind Wasserstoff-, Kohlenstoff- und Sauerstoffatome ständig auf der „Wanderschaft", um entweder einfache anorganische oder komplexe organische Verbindungen zu bilden und dabei Sonnenenergie zu speichern oder wieder freizusetzen (Abb. 46).

Wie wichtig es ist, dass Photosynthese und Atmung einen Kreislauf bilden, ergibt sich aus folgender Tatsache: Die heutigen Pflanzen der Erde verbrauchen jährlich etwa 100 Milliarden Tonnen CO_2 bei der Photosynthese. In der Atmosphäre sind aber nur noch 700 Milliarden Tonnen CO_2 vorhanden. Das heißt, der Vorrat wäre in nur sieben Jahren aufgezehrt, wenn nicht durch die Atmung CO_2 größtenteils wieder freigesetzt würde.

Dennoch konnte der Kreislauf von Photosynthese und Atmung nicht verhindern, dass der Vorrat an CO_2 so weit abgebaut wurde, dass von den ursprünglich vorhandenen etwa 20 % der Atmosphäre heute nur noch 0,04 % übrig geblieben sind. Das ist darauf zurückzuführen, dass der „H-C-O-Kreislauf" leider nicht geschlossen ist. Ein Teil des Kohlenstoffs, der durch die „Fabrik" der Photosynthese gelaufen ist, kehrt nicht in den Kreislauf zurück, sondern wird in den Sedimentgesteinen der Erdkruste deponiert (vgl. Kap. 2.3.).

Diese „Kreislaufstörung" kann die gesamte Biosphäre im Laufe der nächsten Jahrmillionen in einen kritischen CO_2-Mangelzustand bringen, wenn es der Natur nicht gelingt, den deponierten Kohlenstoff wieder zu mobili-

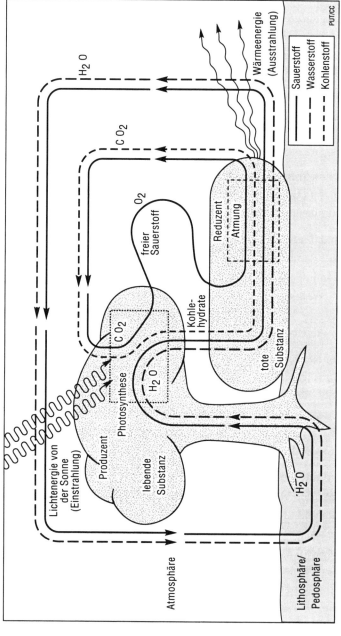

Abb. 46: Der Kreislauf von Wasserstoff (H), Kohlenstoff (C), und Sauerstoff (O) bei Photosynthese und Atmung
Quelle: STRAHLER 1989, S. 459

sieren oder einen Ersatz für den H-C-O-Kreislauf zu entwickeln. Letzteres müsste eine phantastische „Erfindung" vom Rang der Photosynthese sein.

Vor diesem Hintergrund muss die Freisetzung von CO_2 durch Verheizen der in der Erdkruste deponierten fossilen Brennstoffe in einem ganz anderen Licht betrachtet werden, als es die Klimapropheten unserer Zeit tun. Und auch Vulkanausbrüche hätten aus dieser Perspektive trotz allen Schreckens, den sie für die unmittelbar betroffenen Lebewesen in sich tragen, auch eine wesentliche lebensfördernde Eigenschaft für die gesamte Biosphäre, indem sie nämlich auch den Rohstoff CO_2 für die Photosynthese liefern.

In Kap. 2.3. habe ich die Bedeutung der Ozon (O_3)-Schicht als Schutzschild gegen die lebensfeindliche Ultraviolett(UV)-Strahlung der Sonne hervorgehoben. Aus der jetzigen Perspektive sieht es so aus, als hätte sich das irdische Leben diesen Schutzschild dadurch selbst geschaffen, dass es im Gefolge der Photosynthese freien Sauerstoff (O_2) als Gas in die Atmosphäre geleitet hat. Doch das ist nur zur Hälfte richtig, Denn O_2 ist noch nicht in der Lage, die UV-Strahlung zu absorbieren. Dazu ist nur O_3 fähig. Aber O_3 entstand erst, als die UV-Strahlung das O_2 in O-Atome aufspaltete, die sich ihrerseits mit den restlichen O_2-Molekülen zu O_3-Molekülen verbanden. Das geschah in 20 bis 50 km Höhe über der Erdoberfläche und führte zur Bildung der Ozonschicht. Indem die UV-Strahlung UV-durchlässiges O_2-Gas in UV-absorbierendes O_3-Gas umformte, hat sie sich also gewissermaßen selbst „ausgesperrt".

Vorher war es gerade die UV-Strahlung gewesen, die wahrscheinlich überhaupt erst die „Zündfunken" für die Synthese organischer Verbindungen in der Uratmosphäre und in den Urmeeren der Erde als Ausgangspunkt des irdischen Lebens geliefert hatte. Nach Bildung der Ozonschicht hingegen lief die Evolution des Lebens in einem UV-armen Milieu weiter, und es entwickelten sich nur noch UV-empfindliche Lebewesen, die auf den Schutzschild der Ozonschicht angewiesen waren, bis zum heutigen Tag.

Die Ozonschicht macht mengenmäßig nur ein Millionstel der Atmosphäre aus, und sie würde unter den Luftdruckverhältnissen, wie sie im Niveau des Meeresspiegels herrschen, auf nur drei Millimeter zusammengedrückt. Diese Zahlen zeigen, welche Risiken wir eingehen, wenn wir Abgase in die Atmosphäre leiten, deren Zerfallsprodukte die Ozonschicht angreifen könnten.

Doch sehr wahrscheinlich würde sich ein Gleichgewichtszustand zwischen dem bisher nur behaupteten, aber noch nicht bewiesenen O_3-Abbau und dem solaren O_3-Aufbau einspielen, bei dem die Ozonschicht der Atmosphäre erhalten bleibt. Denn eine ständige Regeneration der Ozonschicht ist in Anbetracht der fast unbegrenzt vorhandenen Mengen an materiellen und energetischen Rohstoffen für die O_3-Synthese, nämlich irdisches O_2 und solares UV-Licht, gesichert.

5.2. Der Kreislauf des Lebens: Produzenten, Konsumenten, Reduzenten

Tiere können nur leben, wenn ihnen Pflanzen (oder andere Tiere) als Nahrung zur Verfügung stehen. Deshalb bezeichnet man sie in der Biologie auch als *Konsumenten*, Pflanzen dagegen als *Produzenten*. Doch wie wir wissen, sind auch die Produzenten auf die sie fressenden Konsumenten angewiesen, denn ohne deren CO_2-Freisetzung würde den Produzenten bald ein entscheidender „Rohstoff" für die Photosynthese ausgehen (vgl. Kap. 5.1.).

Neben den Produzenten und Konsumenten weist man noch eine dritte Gruppe aus, deren Mitglieder teils Pflanzen, teils Tiere sind: die *Destruenten* oder *Reduzenten*. Sie machen sich besonders um die Atmung im Kreislauf des Lebens verdient, indem sie einerseits tote organische Verbindungen aufspalten und in CO_2 und H_2O zurückverwandeln und andererseits aus den organischen Abfällen neue organische Substanzen aufbauen, die für eine umfassende Pflanzenernährung sehr wichtig sind, nämlich Humus (vgl. Kap. 3.3. und 4.3.). Die Reduzenten, z.B. Bakterien, Algen, Pilze, Geißeltierchen, Asseln und Regenwürmer, leben größtenteils auf dem Boden und im Boden. Im Hinblick auf die CO_2-Problematik der Biosphäre wäre es allerdings sinnvoller, die Lebewesen der Erde in nur zwei Gruppen zu unterteilen, nämlich in CO_2-konsumierende (grüne Pflanzen) und überwiegend CO_2-produzierende (Tiere, Bakterien, Pilze) (vgl. Kap. 5.1.).

Das Leben bezieht seine materiellen Bestandteile, wie gesagt, nicht nur aus der Atmosphäre und Hydrosphäre, sondern auch aus der Lithosphäre. Die meisten Elemente – außer Wasserstoff, Sauerstoff und Kohlenstoff –, die für die Ernährung der höheren Pflanzen benötigt werden, können nur aus der Lithosphäre bezogen werden bzw. aus der Hydrosphäre, wenn diese die Elemente durch Lösung aus der Lithosphäre und der Pedosphäre übernommen hat (siehe Kap. 6). Ohne Wasser findet kein Transport von Nährstoffen statt, weder zu Pflanzen hin noch in ihnen. Ohne Wasser verdursten Pflanzen nicht nur, sie verhungern auch. Wasser ist unverzichtbarer Bau- und Betriebsstoff aller Lebewesen der Erde.

Für die Ernährung der Pflanzen wird eine Vielzahl von Elementen benötigt. Dabei unterscheidet man in der Pflanzenernährungslehre *Haupt-* und *Spurenelemente*. Zu den Hauptelementen zählt man (neben Wasserstoff, Sauerstoff und Kohlenstoff) Stickstoff, Phosphor, Schwefel, Silicium, Kalium, Calcium und Magnesium. Als Spurenelemente betrachtet man Bor, Molybdän, Chlor, Eisen, Chrom, Mangan, Zink und Kupfer.

Diese 18 Elemente werden allgemein als unentbehrlich für das Pflanzenwachstum angesehen. Allerdings findet man in Pflanzen wesentlich mehr, nämlich 40 bis 50 der 92 natürlichen Elemente. Das liegt daran, dass Pflanzen nicht nur solche Elemente aufnehmen, die sie unbedingt brauchen, sondern auch solche, die der Stabilisierung der Immunabwehr gegen biotische oder chemische Einflüsse von außen dienen. Dieser Aspekt ist deshalb wichtig, weil Pflanzenernährung ja nur ein Teilglied eines Kreislaufs ist, an dem sich neben den Produzenten auch noch die Konsumenten und Reduzenten beteiligen. Geht man nämlich von der Pflanzen- zur Tier- bzw. Menschenernährung über, stellt man fest, dass die Immunabwehr entscheidend verbessert wird, wenn z.B. das für die Pflanzenernährung nicht als notwendig erachtete Selen im Organismus vorhanden ist. Das Gleiche gilt vermutlich für Lithium, Germanium, Gold, Vanadium, Kobalt und andere Elemente.

Vielleicht ist sogar die Anwesenheit fast aller 92 auf der Erde natürlicherweise vorkommenden Elemente für das „perfekte" Funktionieren eines Immunsystems erforderlich. Denn das Leben hat sich ja in Auseinandersetzungen mit allen elementaren Bausteinen der Erde entwickelt. Die entscheidende Frage ist vielleicht „nur": Welches Element wird in welcher Verbindung, in welcher Menge, an welcher Stelle, zu welcher Zeit, in welchem Organismus benötigt? Und wenn alles dies optimal gelöst wäre, könnte dann ein solcher Organismus ewig leben? Sicherlich nicht. Hätte sich das Leben nämlich ohne den Tod entwickelt, wäre die Evolution über die Stufe der Bakterien in der Ursuppe der Urozeane nicht hinausgegangen. Der „vorprogrammierte" Tod aller Lebewesen schafft Platz für nachfolgende, in denen die Bausteine anders zusammengesetzt werden können. Nur so konnte die biotische Evolution, die Entwicklung der Vielfalt des Lebens, überhaupt stattfinden, und nur deshalb gibt es heute neben den Bakterien auch Algen, Pilze, grüne Pflanzen, Insekten, Wirbeltiere und all die anderen Formen von Lebewesen.

Der Biozyklus mit seinen Produzenten (grüne Pflanzen), Konsumenten (Pflanzen- und Tierfresser) und Reduzenten (Abfall, Leichen- und Kotfresser) ist also das solar angetriebene „Schwungrad" der Evolution, in dem aus anorganischen und organischen Bauteilen immer wieder und immer mehr neue Arten von Lebewesen zusammengesetzt werden (Abb. 47).

Der Biozyklus, in den auch wir Menschen fest eingespannt sind, lehrt uns darüber hinaus, dass es in der Natur ein nahezu perfektes „Abfallverwertungssystem" gibt, in dem fast jeder Abfallstoff in einen Rohstoff zurückverwandelt wird. Bevor nicht auch wir ein an den Kreisläufen der Natur orientiertes Abfallverwertungssystem eingerichtet haben (vgl. Kap. 4.8.), stören wir die Evolution des Lebens auf der Erde. Diese Störung geht so weit, dass wir bereits viele Arten anderer Lebewesen durch Vergiftung ihrer Lebensräume mit unseren Abfällen ausgerottet haben. Doch nicht nur das – wir sind dabei, ein System zu zerstören, von dem wir selbst ein Teil sind; wir sägen an dem Ast, auf dem wir sitzen.

Obwohl Tiere gezwungen sind, Pflanzen (oder andere Tiere) zu fressen, um sich zu ernähren, gibt es Arbeitsgemeinschaften zwischen Tieren und Pflanzen, in denen beide jeweils unmittelbar voneinander profitieren: Insekten (z.B. Bienen) saugen Nektar und bestäuben dabei zugleich die Blüten; Vögel (z.B. Wacholderdrosseln) und Säugetiere (z.B. Eichhörnchen) fressen bzw. verschleppen Pflanzensamen und sorgen so für Verbreitung.

Darüber hinaus gibt es echte Lebensgemeinschaften *(Symbiosen)*, in denen beide Partner vollständig aufeinander angewiesen sind und deshalb konstruktiv zusammenarbeiten müssen, um überhaupt leben zu können. So sind Flechten nichts anderes als Symbiosen zwischen Pilzen und Algen; dabei übernimmt der Pilz die Funktion der Wurzel, die Alge die des Laubes. Auch zwischen höheren Pflanzen und Pilzen gibt es Symbiosen. So siedeln z.B. an den Wurzeln von Waldbäumen Mykorrhiza; diese vermitteln ihren Wirten Wasser und Minerale und erhalten als Gegenleistung Produkte der Photosynthese.

Ebenso findet man Symbiosen zwischen höheren Tieren und Mikroorganismen. So leben im Darm von Tieren verschiedene Bakterien, die für die Verdauung der Nahrung unerlässlich sind und die ihrerseits nur im Milieu des Darms existieren können. Tiere bilden auch mit Tieren Symbiosen, z.B. der Einsiedlerkrebs mit der sog. Seerose. Die Seerose liefert den Wohn- und Schutzort des Krebses, der Krebs sorgt für Nahrung und Fortbewegung.

Eine außerordentlich wichtige Symbiose ist die zwischen Schmetterlingsblütlern und sog. Knöllchenbakterien, die in kleinen Knollen leben, welche die Pflanzen an ihren Wurzeln bilden. Hier leisten diese „niederen" Pflanzen etwas, was keine „höhere" Pflanze kann: Sie verbinden den elementaren Stickstoff der Luft mit dem Wasserstoff des Wassers zu Ammoniak (NH_3).

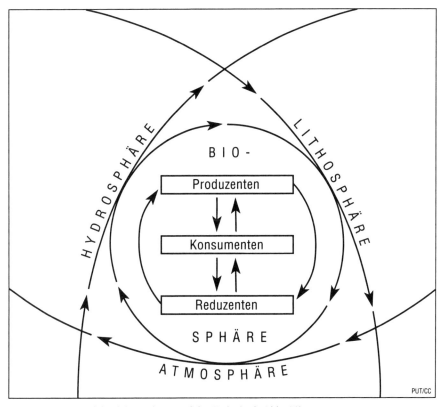

Abb. 47: Der Kreislauf des Lebens auf der Erde (vgl. Abb. 11)
Entwurf: E. GRIMMEL

Dass die höheren Pflanzen hierzu nicht in der Lage sind, ist um so erstaunlicher, als sie Stickstoffverbindungen zum Leben benötigen. Die Knöllchenbakterien produzieren also Ammoniak und geben es an ihre Wirtpflanzen weiter, damit diese Aminosäuren und aus diesen Eiweiße synthetisieren können. Als „Gegenleistung" erhalten die Knöllchenbakterien von den Pflanzen deren Stoffwechselprodukte.

Die *Eiweißsynthese* ist kein geringeres Wunder als die Photosynthese. Sie ist sogar noch komplexer. Die Produkte und Folgeprodukte der Photosynthese bestehen „nur" aus den Elementen Kohlenstoff, Wasserstoff und Sauerstoff und bilden Kohlenhydrate und Fettsäuren, die vorwiegend zur Energiegewinnung gebraucht und beim Betriebsstoffwechsel abgebaut werden. Eiweiße dagegen enthalten neben diesen drei Elementen noch Schwefel, Phosphor und Stickstoff.

Die molekularen Bausteine der Eiweiße sind die Aminosäuren, von denen es 23 verschiedene Sorten gibt. Die meisten Pflanzen können alle 23 Sorten aus den elementaren Bausteinen herstellen, die sie der Luft, dem Wasser und dem Boden entnehmen. Tiere können nur 15 Sorten selbst synthetisieren, obwohl die restlichen 8 Aminosäuren für sie lebensnotwendig sind. Diese acht sog. essentiellen Aminosäuren müssen also als „Halbfertigwaren" von außen „importiert", d.h. mit der Nahrung dem Körper zugeführt werden, entweder durch den Verzehr von Pflanzen oder durch Verzehr von pflanzenfressenden Tieren. Bei der Verdauung werden die pflanzlichen oder tierischen Eiweiße in ihre Bestandteile, nämlich die Aminosäuren, aufgespalten; und diese werden anschließend zu neuen und anderen Eiweißen zusammengesetzt, die sich von Art zu Art und von Individuum zu Individuum unterscheiden.

Eiweißmoleküle können lange Ketten bilden, aus 50 bis 200.000 (!) aneinander gereihten Aminosäuren. So ergeben sich nahezu unendlich viele Kombinationsmöglichkeiten der Aminosäuren, vergleichbar den Kombinationsmöglichkeiten der rund dreißig Buchstaben des Alphabets, mit denen man alle Wörter, Sätze, Sprachen und Texte der Völker dieser Erde und noch viel mehr schreiben kann. Die unterschiedlichen Zusammensetzungen der Eiweiße verleihen jeder Pflanzen- und Tierart ihre Merkmale und jedem Individuum seine Einmaligkeit. Denn die Eiweiße sind, im Gegensatz zu den vorwiegend der Energiegewinnung dienenden Kohlenhydraten und Fettsäuren, Baustoffe für jeden Organismus.

Aber Lebewesen begnügen sich nicht allein mit dem Aufbau ihres Körpers. Fast alle Bestandteile werden ständig und gleichzeitig ab- und aufgebaut. Dieser *Stoffwechsel* ist ein wesentliches Grundprinzip des Lebens, das im anorganischen Bereich nicht gilt. So wird beispielsweise der gesamte Eiweißbestand eines Menschen in 70 bis 80 Tagen zur Hälfte verbraucht und gleichzeitig wieder erneuert. In der Wachstumsphase ist die erneuerte Masse etwas größer als die abgebaute. Beim Erwachsenen herrscht ein Fließgleichgewicht, in fortgeschrittenem Alter überwiegt der Abbau.

Welche tatsächliche Leistung der Natur sich hinter dem einfachen Wort Stoffwechsel verbirgt, wird einem erst klar, wenn man weiß, dass unser Körper, der aus 75 Billionen (75.000.000.000.000) Zellen besteht, täglich 300 bis 800 Milliarden alte Zellen durch neue ersetzt.

Der Stoffwechsel ist natürlich wesentlich komplexer, als ich ihn hier skizzieren kann. Viele Details sind überhaupt noch nicht bekannt. Auf jeden Fall wissen wir, dass der Kohlenhydrat-, Fett- und Eiweißstoffwechsel nicht funktionieren würde, wenn er nicht von Enzymen, Vitaminen und Hormonen gesteuert würde. Auch für diese gilt Ähnliches wie bei den Aminosäuren, nämlich dass sie vom Körper teilweise selbst produziert werden, teilweise aber auch mit der Nahrung von außen importiert werden müssen.

Die Verarbeitung der Nahrung wird aber nicht allein vom Körper geleistet, sondern bedarf der Mitwirkung einer Flora aus mehreren tausend Arten von Darmbakterien, deren Individuenzahl die der Zellen des Körpers um mehr als das Zehnfache übertrifft. Die perfekte symbiotische Kooperation der Darmflora mit dem menschlichen oder einem anderen tierischen Organismus und dessen „Produktionssystem" aus Zellen, Organen und Blutkreislauf ist wohl das größte und zugleich geheimnisvollste Phänomen des Lebens. Wir wissen zwar, dass mit der Abfolge der Aminosäuren im Eiweißmolekül das „genetische Programm" in jedem Zellkern jeder Zelle jedes Organs jedes Organismus jeder Pflanzen- und Tierart „geschrieben" wird, aber wir wissen nicht, wie es zur Umsetzung dieser „Lebensschrift" in Lebensäußerungen (Formen, Farben, Bewegungen, Gefühle, Gedanken usw.) kommt. Das Ganze ist wesentlich mehr als die Summe seiner Teile. Bereits Wasser (H_2O) ist mehr als Wasserstoffgas (H_2) plus Sauerstoffgas (O_2), und Natriumchlorid (NaCl) ist mehr als metallisches Natrium (Na) plus Chlorgas (Cl_2). Allein an diesen einfachen Beispielen wird deutlich, warum auf der Ebene der Gene so viele Qualitäten manifestiert sind. Spätestens in diesem Zusammenhang muss die Frage gestellt werden, ob Menschen es verantworten können, die Erbsubstanzen von Lebewesen „gentechnisch" zu verändern, um die Natur zu „verbessern". Oder wird diese „Zellkernspaltung" zu einem noch größeren Desaster als die „Atomkernspaltung" führen?

Einen Eindruck von den möglichen anthropogenen „Kreationen" liefern z.B. folgende Zeitungsüberschriften:

„Genmais belastet den Boden – Im Bereich der Wurzeln lagert sich Gift ab";

„Gen-Kartoffeln schwächen das Immunsystem von Ratten";

„Genetische manipulierte Pflanzen können nützliche Insekten schädigen";

„Kolibakterien im menschlichen Darm werden durch fremde Gene gefährlich";

„Stier mit menschlichem Gen";

„Erstmals Embryos aus Zellen eines Menschens und eines Kaninchens gezüchtet";

„US-Firmen wollen das Klonen von Embryozellen aus Schwein und Mensch patentieren lassen".

Die *Animal-Farm* von GEORGE ORWELL lässt grüßen!

Jeder Mensch glaubt zu wissen, was Leben ist. Und doch ist fast jeder überfordert, spontan die Unterschiede zwischen belebter und unbelebter Materie zu nennen, geschweige denn zu erklären. Das Gleiche gilt für die Unterscheidung zwischen Pflanzen und Tieren, bei denen die Grenzen im Bereich der Mikroorganismen ohnehin verschwimmen.

Bei *Viren* werden sogar die Grenzen zwischen organischer und anorganischer Materie unscharf. Viren sind außerhalb von Pflanzen und Tieren nicht in der Lage, Stoffe aus ihrer Umgebung aufzunehmen, zu wachsen und sich zu teilen; deshalb können sie sich dort auch nicht von selbst vermehren. Dort fehlen ihnen also wesentliche Merkmale der belebten Materie: Stoffwechsel, Wachstum, Fortpflanzung, Reizbarkeit und Regenerationsfähigkeit. Und doch bestehen Viren aus den Baustoffen belebter Materie, nämlich hochkomplexen Eiweißmolekülen. Viren können sogar als Kristalle auftreten und erscheinen dann in Gestalt unbelebter Minerale.

Erst in den Zellen von Pflanzen und Tieren werden Viren zu Lebewesen, indem sie die infizierten Zellen zwingen, nur noch Viruseiweiß aufzubauen, mit dem Ziel, sich massenhaft zu vermehren. Dabei werden die Wirtzellen und oft auch der ganze Wirt zu Grunde gerichtet, allerdings nur dann, wenn dieser kein funktionsfähiges Immunsystem besitzt, was meist Folge von Unter- oder Fehlernährung oder Schadstoffbelastung ist. Viren räubern im gesamten Biozyklus; sie befallen Produzenten, Konsumenten und Reduzenten (z.B. Bakterien). Die Virusarten sind zwar streng auf ihre Wirtzellen spezialisiert, können jedoch nach Mutation ihren Aktionsradius erweitern. Im Gegensatz zu den meisten Reduzenten oder „Destruenten", die in Wirklichkeit „konstruktiv" im Biozyklus mitarbeiten, indem sie tote organische Substanzen zu neuen Nährstoffen aufbereiten, sind Viren scheinbar destruktiv tätig; denn sie zerstören ausschließlich lebende Zellen. Man hat den Eindruck, als habe die Natur Viren und andere Krankheitserreger nur deshalb „konstruiert", um abwehrschwache Individuen rasch „ausmustern" zu können.

Dabei wird das Bestreben von Mikroorganismen durch ihre exponentielle Vermehrung gefördert: Wenn sich in einer Kultur aus beispielsweise 1.000 Bakterien jedes Bakterium alle zehn Minuten teilt, gibt es nach zehn Minuten 2.000 Bakterien, nach zwanzig Minuten 4.000, nach dreißig Minuten 8.000, nach vierzig Minuten 16.000, nach fünfzig Minuten 32.000 und nach einer Stunde bereits 64.000 Bakterien. Schon mit Ablauf der zweiten Stunde ist die Zahl von über 4.000.000 erreicht. Das heißt, trotz gleich bleibender Wachstumsrate (Verdoppelung in zehn Minuten) kann die Zahl in wenigen Tagen in astronomische Höhen klettern. Theoretisch könnten die Bakterien in relativ kurzer Zeit die gesamte Erdoberfläche überwuchern, wenn diese ihnen ein zusammenhängendes unerschöpfliches Nährsubstrat zur Verfügung stellte und wenn sich nicht auch ihre Feinde vermehren würden (Abb. 48).

Aber was geschieht, wenn genetisch konstruierte pathogene Mikroben, die es in der natürlichen Biosphäre nicht gibt, freigesetzt werden und sich exponentiell vermehren, ohne dass Feinde existieren, die sie bekämpfen könnten?

Das Gesetz des exponentiellen Wachstums bei Lebewesen werden wir später noch einmal aufgreifen (siehe Kap. 7.1.).

Das wunderbare Zusammenwirken der chemischen Elemente in jedem Lebewesen, der Auf- und Abbau von Molekülen, Zellen, Organen und Organismen im Rahmen des Bau- und Betriebsstoffwechsels, endet mit dem Tod jedes Individuums. Doch wie wir

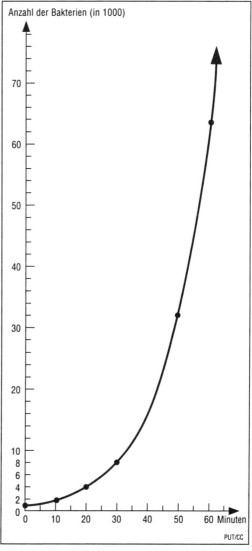

Abb. 48: Exponentielle Vermehrung von Bakterien (Beispiel: Verdoppelung in zehn Minuten) Entwurf: E. GRIMMEL

bereits gesehen haben, gibt es in der Natur ein nahezu perfektes Abfall- und Leichenverwertungssystem zu Gunsten nachfolgender Generationen derselben oder anderer Tier- und Pflanzenarten in Gestalt des Biozyklus.

Dass der Biozyklus um so besser funktioniert, je weniger naturfremde Substanzen vom Menschen über Atmo-, Hydro-, Litho- und Pedosphäre in ihn eingeschleust werden, liegt auf der Hand. Auch der Kreislauf des Lebens hängt, ebenso wie die Kreisläufe der Luft, des Wassers und der Gesteine, von der solaren Energiezufuhr und von deren ebenfalls kreislaufbedingten Rhythmen ab, die zu Tag und Nacht, Sommer und Winter führen und die Lebewesen zu stofflichem Aufbau oder Abbau, zu Aktivität oder Ruhe veranlassen.

In Anpassung an diese Kreisläufe spielen sich die kürzeren oder längeren Entwicklungskreisläufe der einzelnen Pflanzen- und Tierarten ab, beispielsweise die Entwicklung eines Baumes aus einem Samen bis hin zur eigenen Samenproduktion oder der Entwicklungskreislauf bei Insekten: Falter legen Eier, aus denen Raupen schlüpfen, die sich später in „Puppen" umwandeln, aus denen wieder eierlegende Falter schlüpfen usw., usw., usw., von Generation zu Generation.

Ob es im Kreislauf des Lebens auch noch einen Kreislauf der Seelen gibt, wissen wir leider nicht.

5.3. Räume und Rohstoffe – Kämpfe und Kooperationen

Konkurrenzkämpfe im Tierreich um Reviere („Räume") und Nahrung („Rohstoffe"), sowohl zwischen verschiedenen Arten als auch zwischen den Individuen ein und derselben Art, sind allgemein bekannt. Die einzelnen Tierarten bilden ausgesprochen strenge Herrschafts"pyramiden", in denen festgelegt ist, welche Arten welche anderen Arten entweder vertreiben oder fressen dürfen: Heuschrecken dürfen Pflanzen, Mäuse dürfen Heuschrecken, Wiesel dürfen Mäuse und Greifvögel dürfen Wiesel fressen.

Die „Pyramide" des Fressens und Gefressenwerdens ist in Wirklichkeit ein Kreislauf, ein Nährstoffkreislauf, den ich als Biozyklus im vorigen Kapitel skizziert habe. In diesem Kreislauf gibt es letztlich keine Sieger und Besiegten, weil auch die Größten (Elefanten, Löwen usw.) von den Kleinsten (Bakterien, Pilze, Viren usw.) angefallen und umgebracht werden können. Spätestens der natürliche Tod macht sie alle gleich, nämlich zu Baustoffen neuen Lebens.

Nicht nur im Tierreich, auch im Pflanzenreich gibt es erbarmungslose Konkurrenzkämpfe, bei denen es Tote und Überlebende gibt. Im Allgemeinen werden Pflanzen nicht von Pflanzen gefressen, wenn man vom Befall meist kranker höherer Pflanzen durch Bakterien und Pilze absieht. Sie bedienen sich „eleganterer" Methoden, um Konkurrenten auszuschalten: Zum Beispiel beschatten sie Nachbarn und lassen sie so an Lichtmangel zu Grunde gehen. Oder sie fangen ihnen Wasser und andere Nährstoffe weg und lassen sie so verdursten oder verhungern.

Im Gegensatz zu den Tieren, bei denen die Vertreter ein und derselben Art arbeitsteilig mit Erfolg kooperieren können (z.B. Bienen, Ameisen, Wölfe, Löwen, Schimpansen) gibt es bei den Pflanzen eine uneingeschränkte innerartliche Konkurrenz. An einer nicht ausgelichteten Fichten- oder Kiefernmonokultur kann man unschwer erkennen, welche Bäume beim Kampf um das Licht Sieger (= Lebende) und welche Besiegte (= Abgestorbene) sind. Allerdings setzt ein innerartlicher Konkurrenzkampf erst dann ein, wenn Platzmangel herrscht, wenn die Bäume zu dicht stehen. Sieger werden die Individuen, die am besten mit Licht und Nährstoffen versorgt werden oder erbliche Vorteile haben. Ist genug Platz da, herrscht „friedliche" Koexistenz zwischen allen Individuen.

In Naturwäldern entwickelt sich ein sehr komplizierter Konkurrenzkampf um den Standort zwischen verschiedenen Arten. Über Existenz und Untergang entscheidet hier, welche Art mit ihren erblich festgesetzten Umweltansprüchen (= „Nachfrage") mit dem Standort-„Angebot" am besten zurechtkommt, das heißt, sich am kräftigsten entwickelt und den Konkurrenten keine Entfaltungsmöglichkeit bietet. Auch wer am schnellsten „startet" oder gut im „Überholen" ist, hat gute Aussichten zu überleben. Aber auch Arten, denen viel Toleranz eigen ist, z.B. gegen Trockenheit oder Nässe, Spät- oder Frühfröste, Schatten oder Licht, haben bei entsprechenden Standortqualitäten gute Chancen, in der Konkurrenz erfolgreich zu sein. In solchen Fällen spricht man von Standortanpassung, wobei betont sei, dass es sich um erblich festgelegte Ansprüche bzw. Toleranzen und Reaktionsweisen der jeweiligen Art handelt. Viele Arten „scheuen" die Konkurrenz: Sie können nur in „ökologischen Nischen" überleben, in denen sie allein „König" sind.

So kommt es im Pflanzenreich, ebenso wie im Tierreich, zu einer Aufteilung des Lebensraums. Es bilden sich Pflanzen- und Tiergemeinschaften, die neben- oder übereinander koexistieren und manchmal sogar kooperative Lebensgemeinschaften bilden können, die schon erwähnten Symbiosen.

Aber es gibt im Tier- wie im Pflanzenreich auch ausgesprochen destruktive Lebensgemeinschaften, die nur auf dem *Räuber-Beute-Prinzip* basieren, das wir von Raubtieren wie auch von Bakterien, Pilzen, Viren usw. kennen. Gemeint ist der *Parasitismus*. Pflanzliche Parasiten entziehen anderen Pflanzen Nährstoffe. Besonders groß ist ihre Zahl bei Bakterien und Pilzen. Doch auch unter den höheren Pflanzen gibt es Parasiten und Halbparasiten. Die *Halbparasiten* besitzen Chlorophyll und sind deshalb zur Photosynthese fähig; dennoch „besetzen" sie Wirtpflanzen und entziehen ihnen Wasser und Nährsalze, anstatt sich diese selbst aus dem Boden zu holen. Der wohl bekannteste Halbparasit ist die Mistel, welche die Zweige von Laub- oder Nadelbäumen besetzt und mit ihren Wurzeln in den Bast der Bäume eindringt. *Vollparasiten* dagegen haben kein Chlorophyll. Sie versorgen sich nicht nur mit Wasser und Nährsalzen, sondern auch mit organischen Stoffen aus der Wirtpflanze.

Im Tierreich ist die Abgrenzung von Parasiten und Nichtparasiten schwierig. Alle Tiere haben insofern parasitäre Züge, als sie auf den „Konsum" anderer Lebewesen (Tiere, Pflanzen) angewiesen sind. Als Parasiten im engeren Sinne könnte man solche Tiere bezeichnen, die wesentlich kleiner sind als ihr Wirt, aber sich von dessen Substanz ernähren und ihn dabei schädigen oder sogar zerstören. Blattläuse sind aus dieser Sicht Parasiten auf Pflanzen, Stechmücken sind Tierparasiten.

Dass die Beziehungen der einzelnen Arten und Individuen zueinander und zur abiotischen Umwelt außerordentlich komplex und räumlich-zeitlich variabel sind, liegt auf der Hand. Landschaften, in denen keine massenhafte Vermehrung bestimmter Arten und kein Verdrängen anderer Arten stattfindet, in denen sich die Arten gegenseitig „in Schach halten" und in denen folglich eine relative Konstanz der Arten- und Individuenzahlen festzustellen ist, bezeichnet man als „ökologisch stabil". Stabile *Ökosysteme* haben die Fähigkeit, auf eine Vermehrung einzelner Arten mit der Vermehrung auch ihrer Feinde zu reagieren. Man spricht von *Selbstregulation*. Die Selbstregulationsfähigkeit gewährleistet die Einhaltung des „Gleichgewichts" von Ökosystemen.

Die zwischenartliche („interspezifische") Konkurrenz im Tierreich ist im Wesentlichen durch das Prinzip des „Fressens und Gefressenwerdens" geprägt. Dagegen gilt bei der innerartlichen („intraspezifischen") Konkurrenz fast nur der Grundsatz des „Vertreibens und Vertriebenwerdens". „Kannibalismus", das Fressen der eigenen Artgenossen, kommt zwar vor, ist aber eher Ausnahme als Regel, z.B. bei Spinnen und Raubfischen. Auch das bloße Töten (ohne nachfolgendes Fressen) von Artgenossen beim Konkurrenzkampf ist im Tierreich sehr selten. Der Unterlegene wird meistens nur vertrieben. Ein solches Töten von Artgenossen gibt es z.B. bei Löwen und Affen.

Innerartliche Konkurrenzkämpfe resultieren daraus, dass ein Individuum ein bestimmtes Revier braucht, einen Lebensraum, wo es genügend Platz und Nahrung findet. Sind zu viele Artgenossen da, wird es zu eng und die Nahrung zur Mangelware. Dass die Zahl der Individuen leicht zu groß wird, liegt daran, dass jede Art sehr viel mehr Nachkommen erzeugt als zu ihrer Erhaltung erforderlich ist. Die Überproduktion hat wahrscheinlich den Sinn, dass durch Mutation der Erbmasse neue Eigenschaften entstehen, die für das Überleben der Art besonders vorteilhaft sein können: Je mehr „Lose", desto größer die „Gewinnchancen".

Es ist das Verdienst des englischen Biologen CHARLES DARWIN (1809-1882), erkannt zu haben, dass dieses Spiel von „Mutation" und „Selektion" zur Entstehung der Tier- und Pflanzenarten auf der Erde geführt hat. Ob in diesem Spiel allerdings nur der „blinde" Zufall die Regie führt, wie die meisten Wissenschaftler meinen, ist fraglich. Vorteilhafte Mutationen fördern nicht nur die Vermehrung einer Art, sondern rufen auch einen verschärften innerartlichen Konkurrenzkampf hervor. Dabei werden schwächere Individuen aus den Revieren der stärkeren vertrieben; sie müssen ihre Überlebensfähigkeit in der Fremde erproben. Sind sie dort erfolgreich, breitet sich die Art aus; sind sie es nicht, verhungern sie oder dienen anderen Arten als Beute.

Allerdings begründen erfolgreiche Ausbreitungen keinesfalls einen Daueranspruch auf die besetzten Territorien, denn das Spiel von Mutation und Selektion geht unaufhaltsam weiter und verändert folglich auch die Konkurrenz- und Herrschaftsverhältnisse auf der Erde fortlaufend. Auch die Veränderungen der abiotischen Umwelt, z.B. Klimaänderungen oder gar kosmische Katastrophen, können bestimmten, vorher noch sehr erfolgreichen Arten ihre Existenzgrundlage völlig entziehen, wie wir am Beispiel der Saurier gesehen haben (vgl. Kap.1.3.).

Dass Arten ihren Lebensraum nicht einfach aufgeben, sondern auch „brutale" Überlebensstrategien anwenden, wenn sich die Umweltverhältnisse verschlechtern, zeigen die Meisen. Sie füttern bevorzugt die stärkeren ihrer Jungen und lassen die schwächeren in Jahren geringen Nahrungsangebots einfach im Nest verhungern; denn bei einer „gerechten" Aufteilung der Nahrung würden nur überlebensschwache Exemplare herauskommen. Und das wäre für das Überleben der Art unzweckmäßig.

Ein besonders beachtenswertes Verhalten zur Sicherung des Überlebens der Art liefert ein Insekt, nämlich der Reismehlkäfer. Hat sich dieser auf einer reichlichen Nahrungsgrundlage so stark vermehrt, dass er seine Nahrung bzw. Umwelt mit seinen eigenen Ausscheidungen verschmutzt, kommt es zu einem Fruchtbarkeitsrückgang.

Konstruktive innerartliche Beziehungen im Tierreich findet man besonders in Familien von Insekten, Säugetieren und Vögeln, in denen bei der Beschaffung von Nahrung und der Herrichtung von Wohnung und Lebensraum konstruktive Zusammenarbeit geleistet wird, vor allem mit dem Ziel, Nachkommen zu produzieren und sie lebensfähig zu halten. Familien oder auch nur Individuen ohne familiäre Bindung können sich zusammenschließen und Herden, Schwärme, Kolonien usw. gründen. Der Sinn solcher Zusammenschlüsse besteht in der Verstärkung des Abwehrpotentials gegen Angriffe artfremder Tiere.

Am höchsten organisiert sind Zusammenschlüsse bei den sog. Staaten „sozialer" Insekten, wie Wespen, Bienen, Ameisen und Termiten. Hier gilt, ähnlich wie bei der Familie, das Prinzip der Arbeitsteilung, nicht nur im Bereich des Geschlechtslebens, sondern auch bei Nahrungsbeschaffung und Wohnungsbau sowie bei Verteidigung des Lebensraums („Soldaten" bei Ameisen und Termiten). Bestimmte tropische Ameisenarten halten sich sogar „Haustiere", nämlich Blattläuse, die ihnen Zuckersaft liefern. Sie machen sich sogar die Mühe, die Läuse in neue „Weidegründe" zu tragen, wenn die alten ausgebeutet sind. Wenn auch die Zusammenarbeit innerhalb einer Tierfamilie oder eines Tierstaates im Wesentlichen konstruktiv abläuft, besteht andererseits doch zwischen den einzelnen Mitgliedern oft eine erhebliche Nahrungsrivalität, z.B. zwischen den Jungen einer Vogelart.

Nach außen versucht sich jeder Verband gegen die Nachbarverbände deutlich abzugrenzen. Eine revierübergreifende Kooperation gibt es nicht. Grenzstreitigkeiten werden durch Kampf gelöst: Stärkere Verbände vertreiben schwächere, töten sie aber meistens nicht.

Tiere, die keine Reviere bilden, beispielsweise Feldmäuse, leiden leicht unter zu großer Besiedlungsdichte. Dies führt zu psychischem Stress, an dem ein großer Teil der Population zu Grunde gehen kann, so dass sich diese wieder auf eine normale Besiedlungsdichte einpendelt. Doch auch die zwischenartliche Räuber-Beute-Beziehung sorgt für eine Ausdünnung der Population, weil sich eine räuberische Art um so stärker vermehrt, je mehr sich die Beuteart vermehrt: In „Mäusejahren" ziehen Mäusebussarde besonders viele Junge auf.

Die innerartlichen Verbände im Tierreich werden auf Zeit geschlossen. Die meisten Vögel bilden nur im Frühling und Sommer Familien, um Junge aufzuziehen. Sind diese ausgewachsen, löst sich die Familie auf. Manche Familien, z.B. Graureiher, schließen sich zum Schutz gegen artfremde Feinde zu Brutkolonien zusammen. Im Herbst bilden viele Vogelarten Schwärme, um bei der Nahrungssuche und beim Vogelzug weniger angreifbar zu sein.

Je nach der Entwicklungsdauer der Jungen bleiben die Tierverbände unterschiedlich lange bestehen, bei Vögeln meist nur ein paar Monate, bei Säugetieren höchstens einige Jahre. Nach Auflösung der Verbände räumen die Vögel die Reviere; später, bei der Bildung neuer Verbände, besetzen sie andere Reviere, wobei die Grenzen nach dem Konkurrenzprinzip neu abgesteckt werden.

Wie man sieht, stellt die Biosphäre mit ihren pflanzlichen und tierischen Arten und Individuen ein außerordentlich vielfältiges Beziehungsgeflecht dar, in welches letztlich auch die Menschen eingebunden sind, ein Geflecht, mit dem und von dem sie leben müssen. Ob die Menschen aber in diesem Geflecht langfristig existieren können, hängt davon ab, ob es ihnen gelingt, ihre zwischen- und innerartlichen Verhältnisse so zu ordnen, dass die Stabilität der Biosphäre und ihrer Ökosysteme nicht verloren geht.

Zurzeit sind die Zukunftsaussichten der Menschheit leider außerordentlich trübe, wie Lorenz durchaus zutreffend feststellte (vgl. Vorwort): Wird die Menschheit durch Kernwaffen schnell Selbstmord begehen? Oder droht ihr ein langsamer Tod durch Vergiftung der Umwelt? Oder baut sie allmählich jene Eigenschaften und Leistungen ab, die ihr Menschtum ausmachen? Oder kann sie doch noch geistige Kräfte mobilisieren, welche den Untergang in der letzten „Erdsekunde" verhindern? Im Kapitel 7 will ich versuchen, auf diese Fragen die vorne angekündigte optimistische Antwort zu geben.

6. Die Pedosphäre

Den Boden, auch „Pedosphäre" genannt, haben wir bereits in verschiedenen Zusammenhängen betrachtet (vgl. Kap. 3.3. und 4.3.). Er beginnt an der Erdoberfläche und reicht so weit in die Tiefe, wie das Leben vorgedrungen ist. Der Boden ist die „Unterwelt" des Lebens. Vorherrschend wird er von Reduzenten bewohnt. Auch einige Konsumenten besiedeln ihn, zumindest zeitweise, z.B. Mäuse und Füchse. Von besonderer Bedeutung sind jedoch die höheren Pflanzen, die mit ihren Wurzeln ständig den Boden durchdringen und, in enger Verbindung mit den Reduzenten, den größten Teil ihrer Nährstoffe aus ihm beziehen, ihrerseits aber den Reduzenten die Nährstoffe liefern.

Eine landwirtschaftliche Bodenbearbeitung ist nur möglich, wenn die Naturvegetation ganz oder teilweise beseitigt wird. Erst dann können solche Pflanzen in hinreichender Menge angebaut werden, auf die wir Wert legen.

In den meisten Landwirtschaftsregionen der Erde war die Urvegetation Wald, zumindest in den feuchten und halbfeuchten Klimaregionen. Nur in halbtrockenen Gebieten waren die Vorläufer der heutigen Wirtschaftpflanzen Steppengräser. In natürlichen Ökosystemen, ganz gleich, ob in Wäldern oder Steppen, gibt es perfekt funktionierende Biozyklen.

Aber mit der Beseitigung der Urvegetation wurden auch die natürlichen Biozyklen zerstört. Damit eine dauerhafte landwirtschaftliche Bodennutzung überhaupt möglich ist, müssen sekundäre Biozyklen aufgebaut und gepflegt werden. Aber gerade gegen diesen wichtigsten Grundsatz verstößt die heutige Landwirtschaft am meisten, weil offenbar nicht in Kreisläufen gedacht wird.

Unbestritten ist, dass die Konsumenten (im biologischen Sinne) um so besser ernährt werden können, je besser die Produzenten ernährt sind. Die entscheidende Frage ist: Wie können Kulturpflanzen möglichst gut genährt werden? Die moderne Chemie hat darauf eine einfache Antwort gefunden: ... indem wir einem bestimmten Boden durch künstliche Düngung die Nährelemente zuführen, die für ein maximales Pflanzenwachstum und maximale Ernteerträge erforderlich sind (vgl. Kap. 5.2).

Als Elemente, die diesem Ziel besonders dienen, erkannte bereits der Chemiker Justus von Liebig (1803-1873) Stickstoff, Phosphor, Kalium und Calcium. Doch ist es außerordentlich schwierig zu bestimmen, welche Mengen dieser Elemente einem Boden jeweils zugeführt werden müssen, denn sein Bedarf ist vor allem abhängig von den natürlichen Nährstoff-, Wasser- und Luftvorräten sowie vom Säuregrad des Bodenwassers, aber auch vom Anspruch der Kulturpflanzen, die auf ihm angebaut werden. Deshalb ergeben sich große Variationen in Abhängigkeit von Ausgangsgestein, Klima, Relief, Fruchtarten, Fruchtfolgen und Jahreszeiten.

Weiterhin genügt es nicht, die Böden nur mit den Hauptnährelementen gut zu versorgen; auch „Spurenelemente" müssen, wenn sie von Natur aus nicht oder in nicht ausreichender Menge da sind, ergänzt werden. Auch hier stellt sich wieder die Frage nach den richtigen Mengen. Spurenelemente, in geringen Mengen lebensnotwendig, sind in größeren Mengen toxisch. Außerdem beeinflussen sich die Elemente gegenseitig. So blockiert ein Übermaß bestimmter Elemente die Pflanzenverfügbarkeit anderer. Ein weiteres, gravierendes Problem ergibt sich aus der Frage, in welchen chemischen Verbindungen die Elemente dem Boden zugeführt werden dürfen. Die chemische Industrie ist dem Grundsatz der schnellen Pflanzenverfügbarkeit gefolgt. Deshalb (und aus Absatzgründen) produziert sie vorwiegend leicht lösliche Salze, die im Boden schnell gelöst werden und deren Ionen dann den Pflanzenwurzeln sofort und in großer Menge zur Verfügung stehen.

Diese Praxis hat allerdings vielfältige negative Folgen. Erstens wird ein großer Teil der Nährelemente wegen „Überangebots" nicht genutzt und aus dem überdüngten Boden ausgewaschen. Das führt zur Verunreinigung bzw. Überdüngung („Eutrophierung") des Grundwassers, der Flüsse, Seen und Meere, besonders durch Nitrate und Phosphate (vgl. Kap. 2.3.).

Zweitens werden die Pflanzen mit einigen Elementen (meist Stickstoff) überversorgt, mit anderen (meist Spurenelementen) unterversorgt, was die Immunsysteme der Pflanzen schwächt und sie anfällig für den Befall durch so genannte Schädlinge macht. Gegen diese setzt man Biozide ein, die wiederum Boden, Wasser und Luft belasten.

Drittens haben leicht lösliche Düngesalze und Biozide eine verhängnisvolle Wirkung auf die Bodenlebewesen, da sie das Bodenmilieu regelmäßig versalzen und vergiften. Darunter leiden die Lebensgemeinschaften im Boden in extremer Weise, so dass sie ihre Aufgaben im Biozyklus nicht mehr hinreichend erfüllen können.

Vor allem der Humusaufbau und die biotische Bodendurchmischung und -lockerung werden nur noch unzureichend geleistet. Dadurch verdichtet sich das Bodengefüge; es kommt zu Wasserstau, Luftmangel und Nährstoffdefiziten. Um diese Nachteile auszugleichen, muss verstärkt gedüngt und durch immer tieferes Pflügen eine künstliche Bodenlockerung herbeigeführt werden.

Es ist leicht zu erkennen, dass diese Art der Bodenbehandlung nichts anderes als eine Bodenmisshandlung ist. Dabei gehen die Erträge und die Qualität der Nahrungsmittel im selben Maße zurück, wie die finanziellen Aufwendungen steigen und die Degeneration der Ackerböden fortschreitet. Minderwertige pflanzliche Nahrungsmittel können aber auch keine vollwertige Ernährung der Konsumenten gewährleisten. Die durch Unter- oder Fehlernährung bedingte Schädigung der Immunsysteme der Pflanzen setzt sich in der Nahrungskette fort und erreicht schließlich den Menschen, selbst in den reichlich versorgten Ländern der „Ersten Welt". Doch dann greift die Natur mit ihren „biologischen Waffen", d.h. mit ihren Bakterien und Viren, erbarmungslos schwache und geschwächte Organismen an.

Aus diesen vielfältigen negativen Folgen der falschen Bodenbehandlung, zu denen auch die Bodenerosion gehört, ergeben sich folgende Konsequenzen. An die Stelle leicht löslicher Düngesalze sollten schwer lösliche mineralische Düngemittel treten, die entweder in der Natur direkt gewonnen werden können (z.B. Basaltgestein) oder, wenn synthetisch hergestellt, in schwer lösliche Form (z.B. durch Verglasen) überführt werden sollten. Dann können sich die Pflanzen ihrem Bedarf entsprechend bedienen, ohne dass Böden versalzt und Nährstoffe ausgewaschen werden.

Eine ganz wesentlich natürliche Quelle von Nährstoffen wird bis heute kaum genutzt, obwohl sie sogar ein Bestandteil des Biozyklus ist: die organischen Abfälle aus den Haushalten („Biomüll"). Diese könnten durch Kompostierung in hochwertige organische Dünger umgewandelt werden und würden entscheidend zur Revitalisierung der Böden beitragen. Auch die organischen Abfälle aus der Tierhaltung sollten über den Pfad der Kompostierung und Biogasgewinnung laufen, an dessen Ende wertvolle Dünger und Rohstoffe stehen, anstatt umweltbelastender Substanzen in Gestalt von Gülle und Jauche. Erst wenn alle naturverträglich aufbereiteten organischen Abfälle dorthin zurückgeführt werden, woher sie stammen, nämlich in die landwirtschaftlich genutzten Böden, können andere Formen der Düngung auf ein Minimum reduziert werden (vgl. Abb. 45). Dann erst wären wir wieder im Biozyklus drin, hätten dessen Kreislaufstörungen auf ein erträgliches und zugleich ertragreiches Minimum reduziert.

Eine weitere wichtige Maßnahme der Bodenpflege wäre eine den jeweiligen Bodentypen angepasste Fruchtfolge mit Unter- und Zwischenfrüchten, die zu einer quasi natürlichen Artenvielfalt und Dauerbegrünung der Böden führen und Bodenerosion weitgehend unterbinden würden. Außerdem ließen sich dabei große Mengen organischer Substanzen aufbauen und somit die Humusbildung fördern. Man spricht zutreffend von „Gründüngung". Die künstliche Stickstoffdüngung würde durch regelmäßigen Anbau von Schmetterlingsblütlern (z.B. Erbsen, Bohnen, Lupinen, Klee) überflüssig werden (vgl. Kap. 5.2.).

Die auf diese Weise revitalisierten Böden könnten auch wieder vitale Pflanzen hervorbringen, die nicht oder nur selten durch Biozide geschützt zu werden bräuchten. Erfreulicherweise nimmt die Zahl der landwirtschaftlichen Betriebe, die sich vom „Chemo"- auf den „Biolandbau" umstellen, immer mehr zu. Diese Umstellung könnte durch die Erhebung einer „Umweltbelastungsabgabe" auf leicht lösliche Kunstdünger und Biozide wie auch durch die konsequente Einführung der „Grünen Mülltonne" und der kommunalen Grünmüll- und Klärschlammkompostierung wesentlich beschleunigt werden (vgl. Kap. 4.8.).

Eine weitere ökologische Stabilisierung der Ackerböden und Agrarlandschaften könnte dadurch erreicht werden, dass man sie mit einem zusammenhängenden Netz von Feldgehölzen überzieht. Auf solchen Streifen können sich natürliche pflanzliche und tierische Lebensgemeinschaften bilden und wesentlich zur ökologischen Stabilität auch der genutzten Feldflächen beitragen.

Auf den Ackerflächen sollten artenreiche Kulturen angelegt werden, bevorzugt natürlich Arten, die den jeweiligen Bodentypen angepasst sind und keine chemischen Pflanzenschutz- und Düngemittel brauchen. Dass heute auf der ganzen Erde nur etwa je zehn hochgezüchtete Getreide-, Hülsenfrucht- und Wurzelgemüsearten angebaut werden, ist nicht nur aus ernährungsphysiologischer und ästhetischer Sicht eine Verarmung, sondern auch der Ausdruck einer weit fortgeschrittenen pedologischen und biologischen Destabilisierung unserer unmittelbaren Lebensgrundlage.

Dass Böden mit sehr viel „Einfühlungsvermögen" behandelt werden müssen, weil es sich um „hochsensible" Ökosysteme handelt, wird allein an der Tatsache deutlich, dass es in einem Liter gesunden Bodens viel mehr Lebewesen gibt, als Menschen auf der Erdoberfläche wohnen. Man kann sich leicht vorstellen, dass vor allem naturfremde Biozide (= „Lebenstöter") auf die Lebensgemeinschaften des Bodens einen verhängnisvollen Einfluss haben. Viele Gifte sind sogar persistente Substanzen, die nicht nur in den Boden eindringen, sondern im gesamten Biozyklus zirkulieren. Insektizide aus der Klasse der Chlorkohlenwasserstoffe beispielsweise gelangen in der Nahrungskette des Biozyklus bis in die Fettgewebe von Konsumenten und bilden dort Dauergiftdepots. In jedem Jahre werden durch Pflanzenschutzmittel einige Millionen Menschen nachweisbar geschädigt. Über nicht nachweisbare Langzeitschädigungen (Schwächung der Immunsysteme, Aberration von Genen usw.) kann man nur Vermutungen anstellen.

Ähnliche Folgen hat die heutige Massentierhaltung, bei der Tiere, auf engstem Raum zusammengepfercht, zu Eier-, Milch- oder Fleisch-„Produktionsmaschinen" degradiert werden. Um ein Maximum an Futterausnutzung zu erreichen, treibt man die Tiere auch noch mit Hormonen zu quantitativen Höchstleistungen an und „schützt" sie mit Antibiotika gegen Mikroorganismen, bevor sie geschlachtet und ihre denaturierten Körper als minderwertige Nahrungsmittel „verwertet" werden.

Aber nicht nur die Konsumption von Nahrungsmitteln aus der Massentierhaltung, sondern auch deren Produktion ist nicht zu verantworten. Denn inzwischen hat sich der seit einigen Jahrzehnten gehegte Verdacht erhärtet, dass die gasigen Emissionen (NH_3, H_2S u.a.) aus Gülle und Jauche nicht nur eine Geruchsbelästigung darstellen, sondern auch Wäldern und Waldböden schaden. Wahrscheinlich hat auch das Versprühen von Bioziden, besonders Herbi- und Fungiziden, auf Ackerflächen ähnliche, wenn nicht noch nachteiligere Nah- und Fernwirkungen als jenes von Gülle und Jauche (vgl. Kap. 2.3., 3.2., 3.3.).

Darüber hinaus ist aber auch zu berücksichtigen, dass die meisten Wälder gar keine natürlichen Wälder, sondern nur Forste sind, in denen die Baumbestände falsch angelegt und falsch gepflegt wurden. Besonders gleichaltrige Monokulturen aus Nadelbäumen (Fichten, Kiefern) sind dann anfällig gegen „Schädlings"befall, Sturm und Feuer, wenn die Pflanzen aus genetisch minderwertigem Saatgut gewonnen, zu eng gesetzt und in späteren Jahren zu wenig oder zu spät „durchforstet" (= ausgelichtet) wurden (vgl. Kap. 5. 3).

Zusammenfassend lässt sich also feststellen, dass die heute noch vorherrschenden Praktiken in der konventionellen Land- und Forstwirtschaft in erheblichem Umfang korrekturbedürftig sind, damit sie den Anforderungen an eine nachhaltige Nutzung der Böden gerecht werden.

7. Die Anthroposphäre

Bisher sind mehrere hunderttausend verschiedene Tier- und Pflanzenarten als Bewohner der Erde bekannt. Nur eine dieser Arten ist der Mensch, „Homo sapiens" genannt. Er ist mit allen Organismen unseres Planeten – sei es auf dem Boden oder im Boden, auf dem Wasser oder im Wasser – verwandt. Sie alle sind Nachkommen gemeinsamer Vorfahren. Diese totale Verwandtschaft bedingt ein festgeknüpftes Netz wechselseitiger Beziehungen, dessen funktioneller Zusammenhang sich am klarsten im Biozyklus dokumentiert (vgl. Kap. 5.2.).

Die meisten Ähnlichkeiten haben die Menschen mit den anderen Wirbeltieren, die sich vor mehr als 450 Millionen Jahren aus Wirbellosen entwickelt haben: Aus diesen entwickelten sich die Fische, aus den Fischen die Lurche, aus den Lurchen die Kriechtiere und aus den Kriechtieren sowohl die Vögel als auch die Säugetiere. Vögel und Säugetiere entstanden erst vor etwa 175 Millionen Jahren.

Menschenaffen und Affenmenschen betraten die „Bühne" der Evolution erst im Tertiär, vor etwa 30 Millionen Jahren. Es waren vierfüßige, meist auf Bäumen lebende affenähnliche Säugetiere. Im Übergangsbereich von tropischen Baum- zu Graslandschaften kamen die Menschenaffen vom Baum herab und wurden zu Affenmenschen: Sie richteten sich auf und funktionierten ihre Vorderbeine und -füße zu Armen und Händen um, natürlich nicht bewusst, sondern durch Mutation. Solchen Mutanten war nicht nur die Nahrungsaufnahme erleichtert, sondern sie lernten auch, Werkzeuge und Waffen aus Stein, Holz und Knochen herzustellen.

Aber nicht nur deshalb wurde aus den Menschenaffen der Affenmensch, der die Herrschaft über alle anderen Tiere erlangte. Von entscheidender Bedeutung war sehr wahrscheinlich eine weitere Mutation, nämlich die Ausbildung einer besonderen Anatomie des Rachenraumes. Diese Anatomie ermöglichte eine differenzierte Gestaltung von Lauten und Lautkombinationen, aus denen nach und nach die menschliche Sprache entstand. Da jedoch Sprechen und Denken unmittelbar zusammenhängen, entwickelte sich auch das menschliche Gehirn weiter. Erst mit Hilfe dieses dreiteiligen Apparats (Denken, Sprechen, *Hand*eln) konnte der Mensch zum Herrscher der Erde aufsteigen und sich alle anderen Lebewesen untertan machen.

Und so verließ vor etwa hunderttausend Jahren der Homo sapiens den Ursprungsraum der Menschen, nämlich die afrikanischen Savannen, und begann sich über die ganze bewohnbare Erde zu verbreiten. Als unsteter Sammler und Jäger, ausgestattet mit vielfältigen Steinwerkzeugen und bewaffnet mit Lanze, Pfeil und Bogen, konnte kein anderes Tier seinen Vormarsch aufhalten, der ihn, mit einer durchschnittlichen Ausbreitungsgeschwindigkeit von einem Kilometer pro Jahr, nicht nur an den Rand des nordischen Gletschereises in Mitteleuropa, sondern auch durch die Weiten des asiatischen Raumes hindurch bis nach Australien und Amerika führte.

Die Ausbreitung wurde entscheidend getragen vom gezielten Einsatz des Feuers, das die Menschen „gezähmt" und nutzbar gemacht hatten, zu einer Zeit, als sie noch in den tropischen Trockenwäldern und Savannen lebten. Das Feuer half ihnen, sich vor Raubtieren zu schützen, die Kühle der Nächte und die Kälte nordischer Winter zu ertragen, das Fleisch erbeuteter Tiere am Lagerfeuer schmackhaft zu machen und so die Nahrungsbasis zu erweitern.

Später setzten die Menschen das Feuer zur großflächigen Vernichtung der Naturvegetation ein, um Ackerland zu gewinnen – eine Methode, die in Tropenwäldern noch heute praktiziert wird. Am Ende der Steinzeit schließlich fanden Menschen heraus, dass man Feuer auch zum Schmelzen von Erzen, also zur Gewinnung von Metallen, benutzen kann, zuerst von Zinn und Kupfer (Bronzezeit), später von Eisen (Eisenzeit). Damit war die entscheidende materielle Grundlage für die Entwicklung der Technik geschaffen, deren Vor- und Nachteile wesentlich zum Glanz und Elend unserer Zeit beigetragen haben.

In den Jahrtausenden der globalen Ausbreitung formten sich auch die vielen Varianten des Homo sapiens, die wir „Rassen" nennen. Es sind dieses nichts anderes als kleine Schritte in der Evolution der irdischen Organismen, bei denen durch Mutation der Erbsubstanz neue Merkmale und Eigenschaften entstehen, die weitervererbt werden. Die Rassenbildung wurde besonders dadurch gefördert, dass die Menschen bei ihrer globalen Ausbreitung von bestimmten Lebensräumen Besitz ergriffen und in diesen blieben, oft getrennt von den Nachbarn, die anderer Wege gezogen waren, durch natürliche Schranken wie Gebirge, Wüsten und Wälder. Diese räumliche Trennung führte auch zur sprachlichen und kulturellen Differenzierung.

Doch mit der Besetzung der ursprünglichen Lebensräume war die Mobilität der Menschen auf der Erde keineswegs beendet. Immer wieder kam es zwischen verschiedenen Gruppen zu Kämpfen, vor allem um Räume und Rohstoffe (vgl. Kap. 5.3.), mit der Folge von Völkerwanderungen, -unterdrückungen, -vertreibungen und –ausrottungen, bis zum heutigen Tag.

In demselben Maß, in dem die Mobilität der Menschen auf der Erde zunahm, besonders seit der „Entdeckung" und „Eroberung" der Welt durch die Europäer, also seit dem 15./16. Jahrhundert, kam es auch zur „Rassenvermischung", also zum Rückgang der früheren Differenzierung, vor allem im Gefolge der gegenwärtigen „globalen Migration".

Den Mutations-Selektions-Mechanismus haben übrigens die Menschen systematisch genutzt, indem sie Pflanzen und Tiere züchteten, also mutativ zufällig entstandene Merkmale und Eigenschaften gezielt weitervermehrten. So wurden z.B. aus Wölfen Hunde, aus Steppengräsern Getreidepflanzen, aus Wildkräutern und -bäumen Gemüsepflanzen und Obstbäume.

Ackerbau und Viehzucht konnten aber nur auf Flächen betrieben werden, auf denen die ursprünglichen Pflanzen- und Tiergemeinschaften beseitigt waren, Pflanzen durch Brand und Axt, Tiere durch Lanze, Pfeil und Bogen. Durch Ackerbau und Viehzucht wurde aus der Naturlandschaft die Kulturlandschaft, in der die Menschen entscheiden, welche anderen Lebewesen sich entwickeln dürfen und welche weichen müssen.

Dabei galt bis in die jüngste Vergangenheit ausschließlich das Kriterium der Nützlichkeit (für den Menschen). Den Nutzpflanzen wurden die „Unkräuter", den nützlichen Tieren die „Schädlinge" gegenübergestellt und entsprechend bekämpft, zuerst mit mechanischen, später, im Industriezeitalter, auch mit chemischen Waffen.

Erst vor wenigen Jahrzehnten merkten einige Menschen, dass ihre Umwelt immer mehr verarmt und verödet. Seitdem wächst die Zahl derer, die sich mit Nachdruck für den Schutz der Mitlebewesen einsetzen, nicht nur aus ethischen oder ästhetischen Gründen, sondern auch auf Grund der Einsicht, dass zur Aufrechterhaltung ihrer Stabilität am ehesten artenreiche Lebensgemeinschaften fähig sind. „Monokulturen" in Land- und Forstwirtschaft sind durch Schädlingsbefall, Feuer und Wind gefährdet; sie können nicht beliebig ausgedehnt werden.

Obwohl sich längst die Einsicht durchgesetzt hat, dass eine uneingeschränkte Nutzung der Erdoberfläche – soweit sie sich überhaupt land- und forstwirtschaftlich nutzbar machen lässt – wegen der Störungen des „ökologischen Gleichgewichts" nicht möglich ist, wird die Zerstörung der Naturlandschaften fortgesetzt, heute besonders in den tropischen und subtropischen Ländern. So sind 25 % des artenreichsten Waldes der Erde, nämlich des Regenwaldes am Amazonas, bereits vernichtet, und jedes Jahr kommt ein weiteres Prozent hinzu. Skrupelloser Verbrauch aller Mitlebewesen und hemmungslose Vergiftung der Umwelt mit Stoffwechselprodukten sind allerdings Merkmale einer Art, die ihre „Bewährungsprobe" noch nicht bestanden hat.

Was treibt eigentlich den heutigen Homo „sapiens" zu seinen unweisen Handlungen? Ist es die von der Selektion kaum noch kontrollierte Vermehrung der Art und die daraus resultierende Notwendigkeit, jeden Fleck der Erdoberfläche in den Dienst von Nahrung, Kleidung, Wohnung und anderen „humanspezifischen" Bedürfnissen zu stellen? Oder sind es genetisch bedingte physische und psychische Relikte aus jener Zeit, in der die Affen-, Vor- und Frühmenschen all jene Tricks entwickelten, mit denen sie sich die Erde untertan gemacht haben und die sie heute immer noch in der zwischen- und innerartlichen Konkurrenz einsetzen?

Es trifft sicher beides zu. Beides hängt ja auch unmittelbar zusammen und stellt sozusagen das „Tier im Menschen" dar. Dieses stammesgeschichtliche Erbe menschlicher Unvernunft (EIBL-EIBESFELD 1988) schleppt jeder mit sich herum, nur beherrscht es den einen mehr, den anderen weniger. Schimpansen und Menschen besitzen zu 98 % identisches Erbgut, und so ist es nicht erstaunlich, dass die Schimpansenforschung der letzten Jahre so viele Parallelen zwischen Menschen und Schimpansen ans Tageslicht gebracht hat.

Man kann den Standpunkt vertreten, es sei naturgemäß und deshalb richtig, sich ausschließlich so zu verhalten, wie es den individuellen Bedürfnissen entspreche. Wozu eine solche Einstellung führt, ist bekannt: Kämpfe brechen aus zwischen Individuen, Familien, Völkern, Staaten, Glaubensgemeinschaften oder anderen Organisationen. Die Stärkeren misshandeln die Schwächeren, nach allen Regeln der „Räuber-Beute-Beziehungen" (vgl. Kap. 5.3.).

Eine „menschliche Menschheit" lässt sich also nur durch maßvolle Einschränkung individueller Freiheit erreichen, die aber für jeden nachvollziehbar sein muss. Ideologisch oder religiös inszenierte Unterdrückung von Freiheit weckt das Bedürfnis nach Befreiung – je stärker der Druck, desto stärker der Gegendruck. Unterdrückung führt entweder zu Befreiungskampf oder zu ersatzweiser Unterdrückung noch Schwächerer seitens der Unterdrückten. Dieser Mechanismus ist ein wesentlicher Grund dafür, dass sich die bisherige Geschichte der Menschheit wie die Illustration eines „Kreislaufs der Unterdrückung" präsentiert.

Der eigentliche Grund für die Unterdrückung ist der „Wille zur Macht", der zum genetischen Erbe der Menschen gehört: So wie jede Affenherde ihren Leitaffen hat, so hat auch jede Horde der Urmenschen ihren Anführer gehabt. Im weiteren Verlauf der Menschheitsgeschichte hat sich aus der Grundstruktur eine „Pyramide" der Herrschaft gebildet, an deren Spitze schließlich Kaiser, Könige und andere Diktatoren stehen, die nicht nur das eigene Volk, sondern auch fremde Völker oder gar die ganze „Welt" beherrschen wollen.

Zu überwinden sind diese archaischen Herrschaftsmethoden nur in Demokratien, in denen Regierende durch den Mehrheitswillen der Menschen in freien Wahlen bestimmt und durch die nächste Wahl bestätigt oder abgesetzt werden können. Demokratien können aber nur funktionieren, wenn sich alle Menschen politisch (von griechisch „polis" = Gemeinschaft) engagieren, wenn durch demokratisch entstandene Gesetze geregelt ist, welche Rechte und Pflichten die Menschen haben, und wenn vor dem Gesetz alle Menschen, einschließlich der gewählten Regierenden, gleich behandelt werden.

Gleichheit vor dem Gesetz beinhaltet keineswegs Gleichheit aller Menschen. Jeder Mensch ist ein Individuum; jede Familie, jedes Dorf, jede Stadt, jedes Volk, jeder Staat usw. sind Individuen höherer Ordnungen. Die Eigenart jedes Individuums zu tolerieren und zu schützen, muss ein wesentliches Ziel jeder humanen Gesetzesgebung sein. Allerdings kann dieses nur dann erreicht werden, wenn jeder akzeptiert, dass das Recht eines Individuums dort endet, wo das Recht des anderen Individuums beginnt. Hier kommt es zu Konflikten und Spannungen, die sich nicht bis in alle Einzelheiten gesetzlich regeln lassen und deren Lösung in jedem Einzelfall einer toleranten Grundeinstellung der Individuen bedarf. Sie zu vermitteln ist eine der wichtigsten Aufgaben der Erziehung, denn ebenso wie erfahrene Unterdrückung wird auch erfahrene Toleranz weitergegeben.

Die Gesetzwerke der heutigen demokratischen Staaten sind einander sehr ähnlich, und doch sind auch sie keineswegs optimal. Viele Gesetze sind durch mehrfache Überarbeitung zu kompliziert und deshalb unverständlich geworden. Die Bereitschaft der Menschen, sich an sie zu halten, ist deshalb gering, auch weil sie Zweifel am Sinn bestimmter Vorschriften haben. Manche Gesetze sind von Anfang an natur- und sozialschädlich, weil sie von „Lobbyisten" im Parlament durchgesetzt worden sind, denen weniger am Volks- als an ihrem Betriebswohl gelegen ist. Solche Gesetze sind ein deutliches Indiz dafür, dass die jeweilige Demokratie nicht gut funktioniert, weil diese offenbar nicht von einer hinreichend großen Zahl politisch aktiver Menschen getragen wird.

Andere Gesetze taugen deshalb nicht, weil sie schlechte Gewohnheiten legalisieren, die sich zu einer äußerst schädlichen Wirkung aufsummieren, indem sie die gesamte Natur, Wirtschaft und Gesellschaft in Unordnung bringen und halten. Man findet sie vor allem im Bereich des Geld-, Grundflächen- und Rohstoffrechts (siehe Kap. 7.2. und 7.3.).

Als allgemeine Maxime für jede Gesetzgebung sollte gelten, dass sich der Mensch in die natürlichen Kreisläufe der Erde einzufügen hat. Denn nur auf dieser Basis können wir einerseits den schon stark reduzierten Bestand der Pflanzen- und Tierarten und somit die Fortsetzung der naturgemäßen Evolution sichern und andererseits auch ein menschenwürdiges Dasein anstreben. Letzteres kann aber nur dann gelingen, wenn eine zweite Maxime beachtet wird, nämlich, dass Gesetze nur so viel Zwang ausüben sollten, wie aus der Sicht der Natur und der Kultur unbedingt nötig ist, dass sie aber auch soviel individuelle Freiheit wie möglich gewähren sollten, damit Lebensfreude, Arbeitsbereitschaft und Kreativität des Einzelnen nicht verkümmern.

Gravierende Schwächen oder Lücken in Gesetzeswerken stellen eine permanente Gefahr für den Fortbestand von Demokratien dar. In einer solchen Gefahr befinden sich alle gegenwärtigen Demokratien auf der Erde, denn ihre Gesetzeswerke weisen ausnahmslos die oben genannten Defizite auf. Derartige Defizite führen aber nicht nur zu einer fortschreitenden Naturzerstörung, sondern auch zu einer fortschreitenden Kulturzerstörung.

7.1. Bevölkerungswachstum - Wie viele Menschen erträgt die Erde?

Als der Homo sapiens aus den afrikanischen Savannen aufbrach, um die ganze Erde zu besiedeln, mögen vielleicht einige hunderttausend Menschen gelebt haben. Zu Beginn der Jüngeren Steinzeit, als Ackerbau und Viehzucht entwickelt wurden, waren es bereits einige Millionen. Zur Zeit Christi lebten schon 150 Millionen. Tausend Jahre später waren es 500 Millionen. In den folgenden achthundert Jahren, bis 1800, verdoppelte sich die Zahl auf eine Milliarde. Dann dauerte es nur noch hundert Jahre, bis die nächste Verdopplung, auf zwei Milliarden, erreicht war. Für die nachfolgende Verdopplung wurden nur noch fünfundsiebzig Jahre benötigt; denn im Jahre

1975 lebten bereits vier Milliarden Menschen auf der Erde. Im Jahre 1990 gab es bereits fünf Milliarden; im Jahre 2000 wurde die Sechs-Milliarden-Grenze überschritten.

Das heißt, die Zahl der Menschen verdoppelt sich in fortlaufend kürzer werdenden Zeitabständen. Graphisch dargestellt ergibt das eine Kurve, die bis etwa 1800 flach ansteigt, aber dann fast senkrecht emporschießt. Es handelt sich nicht einmal um eine „normale" exponentielle Wachstumskurve mit gleich bleibenden Verdoppelungszeiten; denn die Verdoppelungszeiten haben sich fortschreitend verkürzt (seit dem Jahre 1000: 800 – 100 – 75 Jahre): wir haben es also mit einem „superexponentiellen" Wachstum zu tun (Abb. 49).

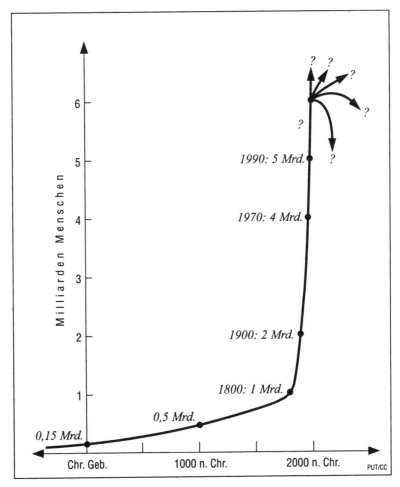

Abb. 49: Superexponentielle Vermehrung der Menschen
(Verdoppelung zwischen 1000 und 1975 in 800 - 100 - 75 Jahren)
Entwurf: E. GRIMMEL

Das Bevölkerungswachstum der Menschen folgt also einem Kurs, der bereits im 21. Jahrhundert in eine Katastrophe führen wird, wenn nicht in Kürze eine radikale Kurskorrektur erfolgt. Aus biologischer Sicht wäre diese Katastrophe allerdings „nur" der Populationskollaps einer Art durch Stress infolge von Raum- und Rohstoffmangel.

Wie in Kap. 5.3. dargestellt, bedient sich die Natur verschiedener Instrumentarien, um Massenvermehrungen einer Art zu begrenzen. Ein Instrumentarium ist die Vermehrung der Feinde dieser Art. Die Feinde sind besonders erfolgreich, wenn die expandierende Art bereits unter Nahrungsmangel leidet. Es sind heute bereits ein bis zwei Milliarden Menschen unterernährt, die leicht von Krankheitserregern befallen werden und an ihnen zu Grunde gehen können. Die Übertragung und Ausbreitung der Krankheiten wird außerdem durch die zunehmende Populationsdichte gefördert. Weitere Instrumentarien setzt die Natur, wie wir gesehen haben, im innerartlichen Bereich ein: Revierkämpfe, Verhungernlassen von Jungen (Meisen), Tod als Folge von psychischem Stress (Mäuse) und Rückgang der Fruchtbarkeit (Reismehlkäfer). Wir sollten uns aus selbstverständlichen Gründen unverzüglich für das „Reismehlkäfer-Modell" entscheiden.

Es bestünde sonst, wie KONRAD LORENZ zu Recht befürchtete, die Gefahr, dass alle jene Eigenschaften und Leistungen der Menschen, die ihr Menschtum ausmachen, abgebaut und die Lebensgrundlagen, die Geosphären, tief greifend vergiftet werden. Ja, es gibt Szenarien, in denen die dann völlig entartete und entwurzelte Menschheit unter unerträglichem physischen und psychischen Stress den „atomaren Selbstmord" begeht und dabei die meisten anderen Lebewesen der Erde mit in den Tod reißt.

Schon heute sterben täglich 50.000 Kinder, die meisten an Unterernährung. Die landwirtschaftliche Produktion lässt sich, selbst unter optimalen Voraussetzungen, nicht in dem Maße steigern, wie es zur Ernährung einer superexponentiell wachsenden Erdbevölkerung erforderlich wäre. Daraus folgt, dass an die Stelle der notwendigen Produktionssteigerung bald ein Produktionsrückgang treten wird. Der Mensch gerät immer mehr in die Rolle eines gigantischen Parasiten, der alle anderen Arten von Lebewesen bis zu deren „Kollaps" ausbeutet und dabei seine Umwelt mit seinen vielfältigen biotischen und technischen Abfallprodukten verschmutzt und vergiftet.

Wie viele Menschen kann die Erde maximal ertragen, ohne dass die ökologische Stabilität des Geosystems ganz verloren geht? Eine allgemeingültige Antwort auf diese Frage gibt es nicht, denn sie muss jeweils die sehr unterschiedlichen Agrarpotentiale der verschiedenen Naturräume unseres Planeten berücksichtigen. So können z.B. in einer Stromoase natürlich viel mehr Nahrungsmittel produziert werden als in der benachbarten Wüste. Und eine chemotechnisch misshandelte Agrarlandschaft, wie in Mitteleuropa, liefert zwar kurz- und vielleicht noch mittelfristige Höchsterträge, verliert aber dann schnell an Fruchtbarkeit.

Leider wird ein großer Teil der landwirtschaftlich gut nutzbaren Fläche der Erde nicht landwirtschaftlich genutzt. Besonders in den so genannten Industrieländern sind viele frühere Ackerböden überbaut worden und fallen deshalb für die Nahrungsproduktion aus. Es ist unrealistisch, daran zu denken, solche Böden von ihrer Überbauung zu befreien, das heißt, die Gebäude auf unfruchtbare Böden umzusetzen. Aber zumindest in Zukunft sollten fruchtbare Böden vor unnötiger Bebauung geschützt werden.

Doch solche Maßnahmen allein reichen, wie gesagt, nicht aus. Eine Bevölkerungspolitik, die das superexponentielle Wachstum bremsen will, sollte von der Maxime ausgehen, dass die Bevölkerungszahl eines Staates etwa dem agrarischen Selbstversorgungspotential dieses Staates anzupassen ist. Die entscheidende Frage aber ist, wie man zu einer möglichst schnellen und wirkungsvollen Fruchtbarkeitsreduktion gelangen kann. Die historische Erfahrung lehrt uns, dass meistens dann ein Geburtenrückgang eintrat, wenn der allgemeine Wohlstand zunahm und die Menschen nicht auf eine große Kinderschar zu ihrer Altersversorgung angewiesen waren.

Daraus ergibt sich, dass man vor allem durchgreifende Instrumentarien zur Förderung der Wirtschaft schaffen müsste. Eine solche Förderung kann jedoch nur auf der Basis eines neuen Geld-, Grundflächen- und Rohstoffrechts gelingen, das wirkungsvolle finanzielle Anreize zur Abschwächung des Bevölkerungswachstums ermöglichen würde (siehe Kap. 7.2. und 7.3.).

7.2. Grundflächen und Rohstoffquellen – Wem sie gehören sollten

Warum orientiert der Mensch seine Wirtschaft nicht prinzipiell an den Produktionsmethoden der Natur? Warum strebt er nach ständigem Wachstum, obwohl er weiß, dass es auf der Erde, in Anbetracht endlicher Räume und Rohstoffe, kein endloses Wachstum geben kann? Warum befolgt er nicht das Prinzip des abfallfreien, rohstoffschonenden und umwelterhaltenden Stoffkreislaufs nach dem Muster der Kreisläufe der Geosphären?

Um die Grundprinzipien des Wirtschaftens zu verstehen, ist ein evolutionsbiologischer Rückblick hilfreich. Alle Tiere, auch Affen und Menschenaffen, sind überwiegend Sammler und Jäger von reinen Naturprodukten, also Endprodukten der natürlichen Produktionsprozesse. Sie sind aber auch schon handwerklich (und „mundwerklich") tätig, wenn sie ihre Wohnungen bauen. Bereits Fische bauen Nester. Fast alle Vögel tun dies; einige graben sogar, ebenso wie bestimmte Säugetiere, Erdhöhlen.

Auch die Affenmenschen und Urmenschen lebten vorwiegend als Sammler, Jäger und einfache Handwerker. Erst in der Jungsteinzeit ist der Mensch in großem Umfang zur Rohstoffverarbeitung übergegangen, um Nahrung und Kleidung herzustellen und sich einen sicheren und behaglichen Wohnraum zu schaffen. Dies tut er auch heute noch, mit industriellen Methoden: Die Produktionspalette ist zwar wesentlich breiter als damals, vom Fastfood bis zum Flugzeug, doch alles entsteht immer noch aus Rohstoffen durch Arbeit. Ohne Arbeit keine Verarbeitung von Rohstoffen, ohne Arbeit keine Waren, keine Dienstleistungen. Rohstoffe und Arbeit sind also die wesentlichen Grundlagen der Wirtschaft.

Damit Menschen Rohstoffe nutzen können, müssen zwei Voraussetzungen erfüllt sein: Es müssen erstens natürliche Rohstoffquellen existieren, aus denen die Rohstoffe gefördert werden können, und zweitens müssen natürliche Grundflächen vorhanden sein, auf denen Gebäude errichtet und Rohstoffe verarbeitet werden können.

Aber wem gehören heutzutage eigentlich die Grundflächen und Rohstoffquellen der Erde? Sie gehören bekanntlich privaten Besitzern oder Staaten, deren Territorien die Grundflächen darstellen, auf oder unter denen die Natur die Rohstoffe lokalisiert hat, sei es z.B. Wald als Bestandteil der Biosphäre oder Grundwasser als Bestandteil der Hydrosphäre bzw. der oberen Lithosphäre oder Salz eines Salzstocks als Bestandteil der mittleren Lithosphäre oder Erdöl als Bestandteil der tieferen Lithosphäre. Nur die Luft gehört keinem Eigentümer, aber nur deshalb, weil sie zu flüchtig ist, um eingefangen und privat beansprucht werden zu können; sonst wäre sicherlich auch noch die Atmosphäre privat aufgeteilt worden.

Was bedeutet dieser „Rechts"zustand? Einzelne Menschen oder Staaten beanspruchen die Natur, als wäre sie ein Gut, das sie selbst hergestellt haben. Mit diesem vermeintlichen Recht ausgestattet, verkaufen sie die Natur, d.h. wandeln sie für sich in Geld um. Mit diesem Geld erheben sie dann Anspruch auf die Güter, welche von anderen Menschen hergestellt worden sind.

Grundflächen- und Rohstoff-*Besitzer* sind de facto Grundflächen- und Rohstoff-*Besetzer*. Aus biologischer Sicht betrachtet, sind private Grundflächen-

und Rohstoffbesitzer prinzipiell also nichts anderes als Tiere, die ein bestimmtes Territorium besetzt und andere Tiere daraus vertrieben haben. Dieser Tatbestand kommt bezeichnenderweise auch in dem Wort „privat" zum Ausdruck, das wörtlich „geraubt" (von lat. privare = rauben) bedeutet. Aber im Gegensatz zu Tieren, deren Territorium nur so groß ist, wie es zu ihrer individuellen oder familiären Ernährung erforderlich ist, können Menschen Bedürfnisse entwickeln, die sie dazu antreiben, ihr Territorium grenzenlos auszuweiten. Dabei werden andere Menschen entweder getötet, vertrieben, versklavt oder tributpflichtig gemacht. Die Geschichte der Menschheit liefert zahllose Beispiele für den Einsatz dieser Mittel, um in den gewaltsamen Besitz von Grundflächen und Rohstoffquellen, Produkten und Produzierenden zu gelangen.

Eigenartigerweise versagt hier bei den meisten Menschen nicht nur das Gerechtigkeitsbewusstsein, sondern auch die praktische Vernunft. Sie akzeptieren es gedankenlos, dass bestimmte Menschen oder Staaten mehr oder weniger arbeitsunwillig auf Grundflächen und Rohstoffvorkommen sitzen und diese der Inwertsetzung durch arbeitswillige Menschen solange vorenthalten, bis die Arbeitswilligen den Arbeitsunwilligen hohe Kauf- oder Pachtpreise für die Grundflächen oder Rohstoffquellen zahlen.

Je größer die Grundflächen und je seltener die Rohstoffe, desto größer werden die Chancen ihrer Besitzer, die Preise in immer größere Höhen zu treiben. Im Extrem werden sie zu regionalen oder gar globalen Monopolisten.

Ein Rechtssystem, das solche Missstände ermöglicht, ist de facto ein Unrechtssystem. Denn es fördert die Polarisierung der Menschen in viele arbeitswillige, aber ohnmächtige Arme auf der einen Seite und wenige arbeitsunwillige, aber mächtige Reiche auf der anderen Seite.

Das bisherige Grundflächen- und Rohstoff(un)recht ermöglicht es den privaten Besitzern, ihre Grundflächen und Rohstoffquellen hemmungslos solange auszubeuten bzw. ausbeuten zu lassen, bis die Grundflächen verbraucht und die Rohstoffquellen versiegt sind. Das geschieht um so schneller, je höhere Geldeinnahmen die Besitzer erzielen können.

Im Extrem könnte ein einziger Staat über einen bestimmten Rohstoff, auf den alle anderen Staaten großen Wert legen, allein verfügen. Dieser Staat würde also normalerweise möglichst viel aus seiner einmaligen Rohstoffquelle fördern und zu extrem hohen Preisen verkaufen. Dieser Staat könnte aber auch versuchen, möglichst wenig von diesem Rohstoff zu fördern, um ihn für nachfolgende Generationen zu strecken, was aber sehr wahrscheinlich nicht geschieht („Nach uns die Sintflut!").

Hat ein Staat die soeben dargestellte Monopolstellung nicht, weil mehrere Staaten über den entsprechenden Rohstoff verfügen, z.B. Erdöl, kommt es zu einer Konkurrenzsituation der Anbieter, bei der die Preise normalerweise fallen, es sei denn, die Anbieter schließen sich zu einem Kartell zusammen, um ein überstaatliches Monopol mit Preisdiktat zu bilden. Aber das ist erstaunlicherweise selbst bei der Organisation erdölexportierender Länder („OPEC-Kartell") noch nicht in vollem Umfang gelungen.

Was bedeuten diese Verhältnisse im Hinblick auf die anzustrebende Schonung der Rohstoffquellen? Hohe Preise = niedriger Verbrauch; niedrige Preise = hoher Verbrauch. Eigentlich müsste man für hohe Preise sein, damit die Rohstoffe geschont werden. Damit wäre man aber auch für unverdient hohe Einnahmen der Besitzer der Rohstoffquellen. Doch diese Tatsache gilt leider auch für den Fall niedriger Preise; denn dann fördern die Besitzer um so mehr, um zu gleich hohen Einnahmen zu kommen. Das bisherige Grundflächen- und Rohstoffrecht fördert also die ungerechtfertigte Bereicherung von Privatpersonen oder Staaten auf Kosten der anderen Menschen sowie die hemmungslose Verschwendung der Grundflächen und Rohstoffe insbesondere auf Kosten nachfolgender Generationen.

Wie könnte und müsste man das Grundflächen- und Rohstoffrecht reformieren, damit einerseits die Grundflächen und Rohstoffe der Erde geschont und andererseits ungerechtfertigte finanzielle Bereicherungschancen der bisherigen privaten oder staatlichen Besitzer ausgeschlossen werden? Wenn man nicht sozialdarwinistisch, sondern sozialethisch argumentiert, kann und muss man sich auf ein Axiom festlegen, ohne das ein vernünftiger und menschenwürdiger Umgang mit den Grundflächen und Rohstoffquellen der Erde rechtlich nicht fixiert werden kann.

Das Axiom lautet:

Die Grundflächen und Rohstoffquellen der Erde gehören allen Menschen zu gleichen Teilen.

Lässt sich ein solches Ziel überhaupt noch erreichen? Interessanterweise findet man im deutschen Grundgesetz einen richtungweisenden Artikel:

„Artikel 15. [Sozialisierung] Grund und Boden, Naturschätze und Produktionsmittel können zum Zwecke der Vergesellschaftung durch ein Gesetz, das Art und Ausmaß der Entschädigung regelt, in Gemeineigentum oder in andere Formen der Gemeinwirtschaft überführt werden. "

Leider enthält dieser Satz neben „Weizen" auch „Spreu". Wenn nämlich Artikel 15 uneingeschränkt gesetzlich realisiert und neben „Grund und Boden" und „Naturschätzen" auch die „Produktionsmittel" in Gemeineigentum überführt würden, wäre die frühere kommunistische Kommandowirtschaft der DDR wieder eingeführt. Über diese Wirtschaftsform liegen jedoch langjährige negative Erfahrungen vor, so dass man eigentlich keinen Anreiz verspüren dürfte, dieses Experiment zu wiederholen.

Eine „Vergesellschaftung" der Produktionsmittel darf also auf keinen Fall durchgeführt werden! Denn bei den Produktionsmitteln handelt es sich ja nicht mehr um die Naturgrundlagen der Produktion, also nicht mehr um Grundflächen und Rohstoffquellen, sondern bereits um Produkte, die durch viele arbeitende Menschen hergestellt worden sind. Eine Vergesellschaftung der Produktionsmittel wäre also eine ungerechte, um nicht zu sagen räuberische Enteignung Einzelner durch Massen. Diese würde die Leistungsbereitschaft arbeitender Menschen, sowohl der „Arbeitgeber" als auch der „Arbeitnehmer", untergraben und zu den bekannten unproduktiven und unfreien Wirtschafts- und Gesellschaftsverhältnissen des Kommunismus führen.

Um sicher zu gehen, dass kommunistische oder andere diktatorische Irrwege nicht noch einmal beschritten werden, müsste man also ein zweites Axiom festlegen, damit der vernünftige und menschenwürdige Umgang mit dem Grundflächen- und Rohstoffpotential der Erde einerseits und dem Arbeitspotential der Menschen andererseits auch wirklich gesichert ist.

Dieses Axiom müsste also lauten:

Arbeitserzeugnisse von Menschen stehen nur den Menschen zu, die sie hergestellt haben, nicht jedoch allen Menschen zu gleichen Teilen.

In den beiden Axiomen drückt sich der diametrale und fundamentale Unterschied zwischen Grundflächen- und Rohstoffrecht auf der einen Seite und Arbeitsrecht auf der anderen aus, der auf keinen Fall vernebelt werden darf.

In Artikel 15 des Grundgesetzes müsste also das Wort „Produktionsmittel" gestrichen werden, bevor ein Sozialisierungsgesetz verabschiedet werden darf.

Der korrigierte und verdeutlichte Artikel 15 müsste also lauten:

„Grundflächen und Rohstoffquellen sind durch ein Gesetz, das Art und Ausmaß der Entschädigung regelt, in Gemeineigentum zu überführen.

Wie lässt sich nun ein neues natur- und sozialverträgliches Grundflächen- und Rohstoffrecht etablieren, in etwa auf der Basis eines wie oben geänderten Artikels 15 des deutschen Grundgesetzes? Der Staat, vertreten durch

Staatsorgane, kann selbstverständlich das Nutzungsrecht an den Naturgrundlagen in mehreren Stockwerken der Erdkugel gleichzeitig verpachten.
Abgesehen von der Nutzung der Grundflächen, kann er beispielsweise die
Nutzung von Grundwasser in der oberen Lithosphäre, von Salzen eines Salzstocks in der mittleren Lithosphäre und von Erdgas darunter gleichzeitig an
verschiedene Interessenten verpachten, und zwar auf der Basis von ökologisch und sozial begründeten Raumnutzungsplänen, die vom Staat demokratisch erarbeitet worden sind. Die Pachteinnahmen könnten für die Finanzierung von Staatsaufgaben (Legislative, Exekutive, Judikative) verwendet
werden oder auch als „Grundeinkommen" auf alle Mitglieder des Staates zu
deren Existenzsicherung gleichmäßig verteilt werden.

Wenn alle Staaten so verführen, könnten die Pachtabgaben sogar einer überstaatlichen Organisation, z.B. den Vereinten Nationen, zugeleitet und von
dieser auf alle Menschen der Erde gleichmäßig verteilt werden. Ein solches
Grundeinkommen würde allen Menschen, vom Säugling bis zum Greis, ein
menschenwürdiges Leben ermöglichen. Und es würde sie auch von dem
Druck befreien, übermäßig viele Nachkommen zwecks Altersversorgung
zu produzieren, die Hauptursache für das natur- und sozialunverträgliche
superexponentielle Bevölkerungswachstum (vgl. Kap. 7.1.).

Dass die Aufstellung von Grundflächen- und Rohstoffnutzungsplänen nicht
einfach ist, liegt auf der Hand. Beispielsweise sei hier nur auf das Problem
der Zuteilung der Nutzungsrechte an Flusswasser im Einzugsbereich eines
großen Stromes verwiesen. Im Falle des Nils z.B. müssen sich die Menschen von mindestens vier Staaten über eine natur- und sozialverträgliche
Lösung bei der Zuteilung von Bewässerungswasser einigen (vgl. Kap.3.).

Noch schwieriger wäre eine Entscheidung über Fördergebiete und Förder-
kontingente von Erdöl, an denen nicht wie im Fall des Nilwassers nur einige
Millionen, sondern praktisch alle Menschen der Erde interessiert sind. Eine
langfristig verantwortungsvolle, d.h. eine verbrauchsreduzierende Planung
der Erdölnutzung kann eigentlich nur eine demokratisch legitimierte überstaatliche Institution leisten.

Um die Möglichkeiten und Grenzen der Nutzung der einzelnen Geosphären
überhaupt verantwortungsvoll festlegen zu können, müssen die Rohstoffvorräte der Erde bekannt oder wenigstens abschätzbar sein. Die erste Aufgabe der überstaatlichen Institution wäre also die Ermittlung und Registrie-
rung der Rohstoffvorräte. Ohne diese Erkenntnisbasis ist eine vernünftige
Vergabe von Nutzungsrechten nicht möglich. Je seltener die Rohstoffe und
je geringer ihre räumliche Verbreitung, desto nötiger ist eine überstaatliche
Verwaltung der Rohstoffquellen.

Welche großen Schwierigkeiten darin bestehen, die heutigen privaten oder staatlichen Grundflächen- und Rohstoffbesitzer zu Gunsten der Gesamtmenschheit zu enteignen, bedarf keiner besonderen Erläuterung.

Ein erster Schritt in die richtige Richtung ist aber bereits getan. Ich denke an das *Seerechtsübereinkommen* der UNO von 1982, durch das die verschiedenen Nutzungen des Meeres (Schifffahrt, Fischerei, Bergbau) geregelt werden sollen. Wesentlichen Gehalt hat das Seerechtsübereinkommen aber nur im Bereich des „offenen" Meeres aufzuweisen, d.h. außerhalb der Schelfzone bzw. der 200/350-Seemeilen-Zone. Denn eine küstennahe Zone von 12 Seemeilen bleibt Hoheitsgewässer des Küstenstaates, und die anschließende Zone bis 200/350-Seemeilen darf allein durch den Küstenstaat ausgebeutet werden. Lediglich der Tiefseegrund und seine Rohstoffe werden zum „Gemeinsamen Erbe der Menschheit" erklärt. Ob die *Internationale Meeresbodenbehörde* in Kingston (Jamaika) die Nutzungsrechte wohl eines Tages verpachten und die Pachteinnahmen auf alle Menschen gleichmäßig verteilen wird?

Wie dem auch sei, im Fall des Seerechtsübereinkommens kann man auf ein Modell verweisen, welches wenigstens im Ansatz einen ersten Schritt in die richtige Richtung wagt. Wenn man allerdings bedenkt, dass gerade der Passus, in dem vom „Gemeinsamen Erbe der Menschheit" die Rede ist, der umstrittenste des Vertragswerkes war, kann man ermessen, wie schwierig es ist, weitere Schritte in die richtige Richtung zu machen.

Auf jeden Fall wird die zunehmende Grundflächen- und Rohstoffknappheit die Menschen immer mehr daran erinnern, dass es unumgänglich ist, schrittweise eine neue Grundflächen- und Rohstoff-Rechtsordnung zu schaffen, in der an Stelle des privaten das gemeinschaftliche Eigentumsrecht treten muss.

7.3. Geld – Wie ein kranker Kreislauf saniert werden kann

Was ist eigentlich Geld, das von jedem Menschen tagtäglich mit so großer Selbstverständlichkeit gehandhabt wird, dass offenbar kein Bedarf besteht, über seine Herkunft und sein Wesen nachzudenken?

Im Gegensatz zu Grundflächen und Rohstoffquellen, welche von Natur aus existieren, ist Geld zweifellos erst von Menschen geschaffen worden. Seine Ursprünge gehen weit in die frühe Geschichte zurück. Bereits im Alten Testament findet man im Ersten Buch Mose (Kap. 47, Vers 13-26) einen hochinteressanten Bericht über den Umgang mit Geld. Es sieht so aus, als wurde das Geld bereits lange vor dieser Zeit zur Lösung des Problems der Waren-verteilung erfunden. In der Phase des Naturaltausches, in der die bäuerli-chen und handwerklichen Produzenten ihre eigenen Waren und Dienstlei-stungen einfach gegen andere austauschten, gab es einen Zeitpunkt, von dem an der Tausch nicht mehr richtig funktionierte. Denn neben den ge-wöhnlichen Gütern des täglichen Bedarfs wurden infolge zunehmender Ar-beitsteilung immer mehr besondere Waren hergestellt, die nicht jeder haben wollte oder deren Hersteller nicht gewillt waren, sie gegen gewöhnliche Güter einzutauschen. Und so wurde es für immer mehr Waren- und Dienstleistungsanbieter immer schwieriger, die erforderliche Nachfrage – Menschen, die gerade diese Güter brauchten – für ihre Angebote zu finden. Das marktwirtschaftliche Wechselspiel von Angebot und Nachfrage kam ins Stocken. In diesem Engpass wurde offenbar das Geld als Tauschmittel zur Erleichterung des Waren- bzw. Dienstleistungstausches erfunden.

Es würde hier zu weit führen, die Geschichte des Geldes vom „Urgeld" über die Gold- und Silbermünzen bis hin zu den heutigen Banknoten und Buch-geldern zu beschreiben. Wichtig ist festzuhalten, dass sich das Geld außer-ordentlich vorteilhaft auf das Wirtschaften ausgewirkt hat, weil es einen zügigen Waren- und Dienstleistungsaustausch ermöglicht.

Wenn man den Kreislauf des Geldes verstehen will, muss man aber zuerst die Frage nach der Herkunft des heute umlaufenden Geldes stellen. Diese Frage ist leicht zu beantworten: Für die Herstellung des Geldes eines Staa-tes ist nur die so genannte Zentralbank zuständig. Andere Personen oder Institutionen sind, wie jeder weiß, nicht berechtigt, Geldscheine zu drucken oder zu kopieren und in Umlauf zu bringen. Die nächste Frage ist jetzt aber, wie die Zentralbank das Geld in Umlauf bringt. Auf diese Frage antworten erfahrungsgemäß die meisten Menschen: Die Zentralbank liefert das Geld an den Staat aus. Doch diese Antwort ist falsch. Denn die Zentralbanken liefern das Geld nicht an den Staat oder an die Staatsorgane aus, sondern an private Geschäftsbanken. Und erst diese bringen es in Umlauf; aber nicht gratis oder gegen eine Leihgebühr, sondern gegen Zinsen und Zinseszinsen. Ganz gleich, wer von den Geschäftsbanken Geld in Empfang nimmt, seien es Konsumenten oder Produzenten oder Vertreter staatlicher Institutionen, alle werden zu Schuldnern des Bankensystems, bevor sie das öffentliche Tausch- und Bewertungsmittel Geld einsetzen können. Und das Bankensy-stem will, wegen des Zinsaufschlags, groteskerweise mehr Geld zurückha-ben, als es überhaupt ausgeliehen hat. Was dieses Verfahren für den Einzel-nen oder für die Gesellschaft insgesamt bedeutet, hat treffend der belgische Wirtschaftswissenschaftler BERNARD LIETAER so beschrieben:

„Wenn die Bank Geld schöpft, indem sie Ihnen einen Hypothekenkredit über 100.000 Euro zur Verfügung stellt, schafft sie mit dem Kredit nur das Ausgangskapital. Sie erwartet nämlich, dass Sie ihr im Laufe der nächsten, sagen wir einmal 20 Jahre, 200.000 Euro zurückbringen. Wenn Sie das nicht können, sind Sie Ihr Haus los. Die Bank schafft nicht die Zinsen, sondern schickt Sie hinaus in die Welt in den Kampf gegen alle anderen, damit Sie am Schluss die zweiten 100.000 Euro mitbringen. Weil alle anderen Banken genau das Gleiche tun, verlangt das System, dass einige der Beteiligten bankrott gehen, denn anders kommen Sie nicht zu den zweiten 100.000 Euro. Um es auf eine einfache Formel zu bringen: Wenn Sie der Bank Zinsen auf Ihr Darlehen zahlen, brauchen Sie das Ausgangskapital von jemand anderem auf. .....

Wenn Ihre Bank Ihre Kreditwürdigkeit prüft, checkt sie in Wirklichkeit, ob Sie in der Lage sind, mit den anderen Spielern zu konkurrieren und gegen sie zu gewinnen, d.h. etwas aus ihnen herauszupressen, was gar nie geschaffen wurde.

Zusammenfassend halten wir fest, dass das moderne Währungssystem uns dazu zwingt, uns kollektiv zu verschulden und mit anderen in der Gemeinschaft zu konkurrieren, damit wir die Mittel erhalten, die Austausch zwischen uns ermöglichen" (LIETAER 1999, S. 135/136).

Bei diesem durch das Zinseszinssystem erzwungenen wirtschaftlich-sozialen Konkurrenzkampf gibt es also „Gewinner" und „Verlierer". Verlierer sind diejenigen, welche die geforderten Rückzahlungsbeträge nicht aufbringen können, neue Kredite aufnehmen und sich weiter verschulden müssen, nach der Zinseszinsformel mit exponentiell zunehmender Größe und Geschwindigkeit. Gewinner dagegen sind diejenigen, welche mehr Geld zurückzahlen können, als sie geliehen haben und somit Vermögen bilden können, nach der Zinseszinsformel mit exponentiell zunehmender Größe und Geschwindigkeit (Abb. 50). So kommt es zu einer Eskalation von Geldvermögen bei Gewinnern und Schulden bei Verlierern.

Zu den Verlierern gehört beispielsweise auch der deutsche Staat, der heute (Juli 2004) bereits mit mehr als 1,372 Billionen Euro über das Bankensystem bei den „Gewinnern" verschuldet ist. Jeder deutsche Staatsbürger hat sich also durch seine staatlichen Institutionen mit mehr als 15.637 Euro verschulden lassen. Und deshalb muss er fortlaufend höhere Steuern an die Staatsorgane bezahlen, weil diese letztlich vergeblich versuchen ihre Schulden abzubauen (Abb. 51).

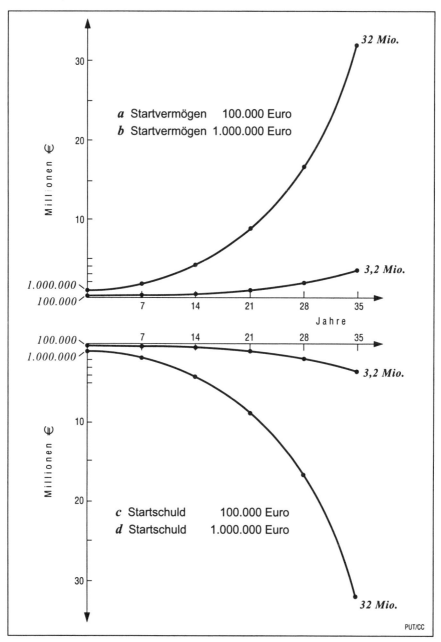

Abb. 50: Exponentielles Wachstum von Geldvermögen (oben)
und Geldschulden (unten) im Zinseszinssystem
(Beispiel: Zinssatz 10 % = Verdoppelung in etwa 7 Jahren)
Entwurf: E. GRIMMEL

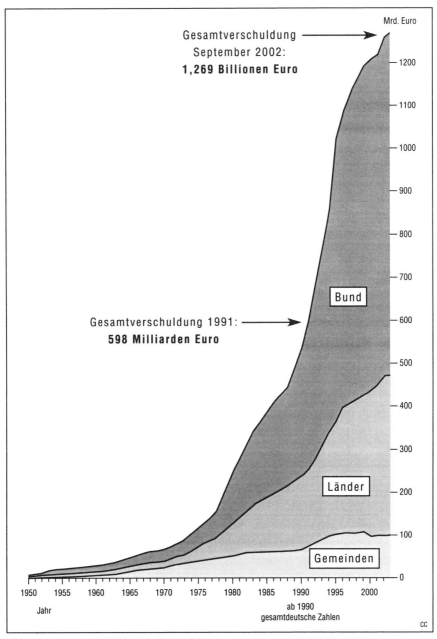

Abb. 51: Staatsverschuldung in Deutschland
Quelle: Der Spiegel Nr. 21/19.5.2003

Durch das Zinssystem wird also der wirtschaftliche Konkurrenzkampf beschleunigt, weil jeder selbstverständlich zu den Gewinnern und nicht zu den Verlierern des „Geldspiels" gehören möchte. Oder anders ausgedrückt: Jeder „Spieler" hat nur die Wahl entweder „Räuber" oder „Beute" zu sein, um den hier durchaus passenden biologischen Begriff der Räuber-Beute-Beziehungen aufzugreifen (vgl. Kap. 5.3.).

Dieser wirtschaftliche und monetäre Konkurrenzkampf erzwingt aber auch ein wirtschaftliches und monetäres Wachstum, weil nur dadurch die wachsenden Geldforderungen der Gewinner erfüllt werden können.

Jeder kann sich leicht ausrechnen, was ein jährliches dreiprozentiges Wirtschaftswachstum, jeweils bezogen auf den Vorjahreswert, bedeutet. Ebenso wie beim Bevölkerungs- und beim Zinseszinswachstum haben wir es mit einer exponentiell ansteigenden Kurve zu tun. Das exponentielle Wirtschaftswachstum zieht aber einen exponentiellen Verbrauch an Grundflächen und Rohstoffen nach sich, denn die Gewinner legen ihr Geld natürlich nur dort an, wo viel produziert wird und hohe Gewinne erwirtschaftet werden.

Das ist der wesentliche Grund dafür, dass die Wirtschaftsbetriebe „auf Teufel komm raus" alles produzieren, was sich gut verkaufen lässt, vom Bonbon bis zur Bombe. Wer nicht wächst, wird verdrängt. Nur wenige Betriebe produzieren in „ökologischen Nischen", die andere Produzenten nicht entdeckt oder an denen sie kein Interesse haben. Die meisten Betriebe jedoch gehen im so genannten wirtschaftlichen Konzentrationsprozess unter, zuerst die kleinen, dann die mittleren, dann die großen, bis zum Schluss nur noch wenige Giganten (Konzerne) übrig sind. Auf dieser Ebene findet häufig keine Konkurrenz mehr statt. Denn Konzerne können sich leicht über die Preise einigen, mit denen sie auf dem Markt, der keiner mehr ist, erscheinen wollen. So müssen die Verbraucher fast jeden Preis akzeptieren, weil sie kein nennenswertes Konkurrenzangebot mehr finden.

Bei diesem Konzentrationsprozess verlieren viele Menschen ihren Arbeitsplatz und die Zahl der Arbeitslosen steigt. Weil aber Arbeitslose, selbst wenn sie finanziell vom Staat unterstützt werden, nicht genug Geld haben, um die im Übermaß erzeugten Produkte aufzukaufen, stockt der Absatz, und wenn der Absatz stockt, muss auch die Produktion zurückgefahren werden, wodurch weitere Arbeitsplätze verloren gehen – ein Teufelskreis. Jetzt steckt nicht nur die Wirtschaft, sondern auch die Gesellschaft insgesamt ist in einer ernsten Krise. Die Angst vor dem Verlust des Arbeitsplatzes führt auch auf der individuellen Ebene zu einem skrupellosen Konkurrenzkampf um die verbleibenden Arbeitsplätze. Denn jeder ist lieber „Räuber" als „Beute".

Neid, Streit, Hass, Terror und Krieg wären die Merkmale der weiteren Entwicklung, die uns bevorstehen könnte, einer Entwicklung, vor der LORENZ gewarnt hat (vgl. Vorwort). Doch muss es zwangsläufig dahin kommen?

Bereits am Ende des 19. Jahrhunderts hat der deutsche Kaufmann SILVIO GESELL (1862-1930) ein einfaches „Rezept" für die „Entstörung" des Geldkreislaufs entwickelt.

Dass wir guten Grund haben, GESELL ernst zu nehmen, ist belegt durch einen Brief, den GESELL im letzten Jahr des Ersten Weltkriegs (1918) in der *Berliner Zeitung am Mittag* veröffentlichen lassen konnte:

„Trotz des heiligen Versprechens der Völker, den Krieg für alle Zeiten zu ächten, trotz des Rufes der Millionen: ‚Nie wieder Krieg', entgegen all den Hoffnungen auf eine schönere Zukunft muß ich es sagen: Wenn das heutige Geldsystem, die Zinswirtschaft, beibehalten wird, so wage ich es, heute schon zu behaupten, dass es keine 25 Jahre dauern wird, bis wir vor einem neuen, noch furchtbareren Krieg stehen."

Und wo stehen wir heute? Heute ist immer noch 1913, immer noch 1938, immer noch Vor- und Nachkriegszeit. Der Unterschied zwischen damals und heute besteht lediglich darin, dass das militärische Zerstörungspotential exponentiell gewachsen ist. Sogar ein „nuklearer Winter", dessen Vorläufer die Atombomben von 1945 auf Hiroshima und Nagasaki waren, ist nicht nur denkbar, sondern auch machbar geworden.

Wegen der überragenden Bedeutung des GESELL´schen Rezepts seien hier einige Sätze aus dem vierten Teil seines Werkes *Die natürliche Wirtschaftsordnung durch Freiland und Freigeld (NWO)* wörtlich zitiert:

„An die Stelle der Reichsbank tritt das Reichswährungsamt, dem die Aufgabe zufällt, die tägliche Nachfrage nach Geld zu befriedigen. ..... Das Reichswährungsamt gibt Geld aus, wenn solches im Lande fehlt, und es zieht Geld ein, wenn im Lande sich ein Überschuss zeigt. .....

Nachdem das Freigeld (Anm.: = Staatsgeld) in Umlauf gesetzt ..... ist, wird es sich für das Reichswährungsamt nur mehr darum handeln, das Tauschverhältnis des Geldes zu den Waren (allgemeiner Preisstand der Waren) zu beobachten und durch Vermehrung oder Verminderung des Geldumlaufs den Kurs des Geldes fest auf ein genau bestimmtes Ziel, die Festigkeit des allgemeinen Preisstandes der Waren, zu lenken. Als Richtschnur dient dem Reichsgeldamt (Anm.: = Reichswährungsamt) die ..... Statistik für die Ermittelung des Durchschnittspreises aller Waren. Je nach den Ergebnissen dieser Ermittelung, je nachdem der Durchschnittspreis Neigung nach oben oder nach unten zeigt, wird der Geldumlauf eingeschränkt oder erweitert.

Um die Geldausgabe zu vergrößern, übergibt das Reichswährungsamt dem Finanzminister neues Geld, der es durch einen entsprechenden Abschlag von allen Steuern verausgabt. Betragen die einzuziehenden Steuern 1000 Millionen und sind 100 Millionen neues Geld in Umlauf zu setzen, so wird von allen Steuerzetteln ein Abzug von 10 % gemacht." .....

Das Reichswährungsamt beherrscht also mit dem Freigeld das Angebot von Tauschmitteln in unbeschränkter Weise. Es ist Alleinherrscher, sowohl über die Geldherstellung wie über das Geldangebot.

Unter dem Reichswährungsamt brauchen wir uns nicht ein großartiges Gebäude mit Hunderten von Beamten vorzustellen, wie etwa die Reichsbank. Das Reichswährungsamt betreibt keinerlei Bankgeschäfte. Es hat keine Schalter, nicht einmal einen Geldschrank. Das Geld wird in der Reichsdruckerei gedruckt; Ausgabe und Umtausch geschehen durch die Staatskassen; die Preisermittelung findet im Statistischen Amt statt. Es ist also nur ein Mann nötig, der das Geld von der Reichsdruckerei aus an die Staatskassen abführt, und der das für währungstechnische Zwecke von den Steuerämtern eingezogene Geld verbrennt. Das ist die ganze Einrichtung. Eine Presse und ein Ofen. Einfach, billig, wirksam" (GESELL 1916, S. 240-249).

Wer diesen Gedanken Gesells folgt, der erkennt, woran das Geldwesen damals schon krankte und heute immer noch krankt, nämlich an der „Unabhängigkeit" der Banken, d.h. an deren Unabhängigkeit vom Staat. Die letzte Konsequenz, nämlich auch noch zu fordern, die Verwaltung des Geldes insgesamt in die Hände des Staates zu legen, also auch die Geschäftsbanken in Filialen des staatlichen Währungsamtes umzuwandeln, hat GESELL leider nicht explizit gezogen, obwohl er das aus Gründen ordnungspolitischer Effizienz und Transparenz hätte tun sollen.

Um das Wesentliche noch einmal zu betonen:

GESELL hat zweifelsfrei die Verstaatlichung des Geldwesens gefordert, ebenso wie er im zweiten Teil seiner NWO auch die Verstaatlichung des Landes (= Grundflächen + Rohstoffquellen) gefordert hat (vgl. Kap. 7.2.). Anders ausgedrückt: Geldschöpfung, Geldmengenregulierung und Geldumlaufsicherung sind Staatsaufgaben. Dazu gehört selbstverständlich auch die Konsequenz, dass das vom staatlichen Währungsamt herzustellende Geld nicht über private Geschäftsbanken sondern nur über Staatsorgane in den Geldkreislauf eingespeist werden darf, und zwar *schuldfrei* und *zinsfrei*!

Ob das nur in der Weise geschieht, wie es GESELL skizziert hat, also durch Finanzierung von Staatsaufgaben, oder beispielsweise auch durch Auszahlung von Kopfgeld, darüber kann selbstverständlich neu nachgedacht werden. Wichtig ist dabei auf jeden Fall, dass das Währungsamt die Geldmenge so dosiert und deren Umlauf durch Erhebung von Hortungsgebühren so sichert, dass der Preisindex konstant bleibt.

Entscheidend ist also, dass es sich beim Währungsamt um eine staatliche Behörde (= Amt) handeln muss, die allen Bürgern des Staates dient, nicht jedoch, wie die heutige Zentralbank, ausschließlich den privaten Geschäftsbanken, welche das Geld nur gegen Zins und Zinseszins an Produzenten, Konsumenten und Staatsorgane (!) verleihen und deshalb absurder Weise insgesamt mehr Geld zurückverlangen, als sie jemals ausgeliehen haben.

Dass die Aufgaben eines Währungsamtes gesetzlich präzis gefasst werden müssen, ist selbstverständlich, denn sonst wäre dieses Amt eventuellen freigeldwidrigen Anweisungen der einen oder anderen Staatsregierung ausgesetzt.

Um keine Missverständnisse aufkommen zu lassen, sei zur Verdeutlichung hervorgehoben, dass GESELLS Forderung einer Verstaatlichung des Geldwesens auf keinen Fall kommunismusverdächtig ist. Ganz im Gegenteil: Durch den Zinseszinsmechanismus bedingtes exponentiell wachsendes leistungsloses und somit ungerechtes Einkommen aus Geldverleih führt zu einer fortschreitenden Polarisierung der Gesellschaft in wenige reiche Herrscher und viele arme Beherrschte, also zu einer *Plutokratie*. Gerade diese ungerechte Polarisierung ist es, die bekanntlich zu Revolutionen mit nachfolgenden kommunistischen oder anderen Diktaturen führen kann.

Dagegen würde ein gerechtes Geldwesen, das einen zinsfreien Zugang zum staatlichen Geld ermöglicht, grundsätzlich allen Menschen ein menschenwürdiges Leben ermöglichen, entsprechend ihren persönlichen Vorstellungen, Fähigkeiten und Leistungen. Und wenn Menschen „geldgerecht" behandelt werden, sind sie nicht nur zu*fried*en, sondern auch *fried*lich. Somit würde die Geldrechtsreform auch für die nationale und internationale Friedenssicherung eine völlig neue Perspektive schaffen!

Leider macht es keinen Sinn mehr, wenn sich der deutsche Gesetzgeber jetzt bemühen würde, die deutsche Zentralbank, also die sog. Deutsche „Bundesbank", in ein Deutsches Währungsamt umzuwandeln, da mit Ablauf des Jahres 1998 die Zuständigkeit für die deutschen Währungsangelegenheiten an die Europäische Zentralbank abgetreten worden ist. Jetzt ist der Gesetzgeber der Europäischen Union aufgerufen, die rechtlichen Grundlagen für die „Entstörung" des Geldkreislaufs in der Europäischen Union zu schaffen.

Leider haben die Staats- und Regierungschefs sowie die Außenminister der 25 Mitgliedstaaten der Europäischen Union am 25. Oktober 2004 in Rom eine „Verfassung für die Europäische Union" unterzeichnet, in der das auf dem Schuld-, Zins- und Zinseszinsprinzip basierende Bankensystem legalisiert ist. Um aber die ökonomische, soziale und politische Funktionsfähigkeit der Europäischen Union langfristig zu sichern, müsste insbesondere Artikel I-30 von Grund auf korrigiert und wie unten dargestellt fixiert werden.

Vor einer solchen grundlegenden monetären Korrektur sollten die Mitgliedstaaten der Europäischen Union die Verfassung auf gar keinen Fall ratifizieren.

Artikel I-30   Das Europäische Währungsamt

(1) Die Europäische Union transformiert die „Europäische Zentralbank" in ein „Europäisches Währungsamt".

(2) Das Europäische Währungsamt steht unter der Aufsicht des Europäischen Rechnungshofs und des Europäischen Gerichtshofs.

(3) Das Europäische Währungsamt hat folgende Aufgaben:

1. Geldschöpfung

2. Geldmengenregulierung

3. Geldumlaufsicherung

4. Spargeldannahme

5. Kreditgeldvergabe

6. Geldüberweisung

7. Wechselkursregulierung.

(4) Das Europäische Währungsamt hat die unter (3) aufgeführten Aufgaben folgendermaßen zu erfüllen:

1. Geldschöpfung

Das Europäische Währungsamt gibt Bargeld (Scheine und Münzen) entweder schuldfrei und zinsfrei an die Regierungen und als Kopfgeld direkt an die Bürger der Mitgliedsstaaten der Europäischen Union aus oder hält es als Kreditgeld gegen Leihgebühr verfügbar.

2. Geldmengenregulierung

Das Europäische Währungsamt hält den durchschnittlichen Preisstand stabil, indem es die Geldmenge in Zusammenarbeit mit dem Europäischen Amt für Statistik reguliert: Falls der Preisindex fällt, muss die Geldmenge vermehrt werden; falls der Preisindex steigt, muss die Geldmenge reduziert werden.

3. Geldumlaufsicherung

Das Europäische Währungsamt sichert den stetigen Umlauf des Geldes, indem es Geldhortungsgebühren erhebt, d.h. Gebühren für Geld, das vom Umlauf zurückgehalten wird.

4. Spargeldannahme

Das Europäische Währungsamt nimmt Spargelder gebührenfrei an und zahlt diese gebührenfrei wieder zurück. Zinsen werden nicht gewährt.

5. Kreditgeldvergabe

Das Europäische Währungsamt vergibt Kredite gegen Leihgebühr, entsprechend dem Umfang der Spareinlagen und neuen Bargeldschöpfungen. Die Leihgebühr richtet sich ausschließlich nach den Verwaltungskosten, die mit der Kreditvergabe verbunden sind. Bei Risiken, die nicht durch materielle Sicherheiten oder Bürgschaften gedeckt sind, wird kein Kredit gewährt.

6. Geldüberweisung

Das Europäische Währungsamt führt Geldüberweisungsaufträge aus und erhebt kostendeckende Verwaltungsgebühren.

7. Wechselkursregulierung

Das Europäische Währungsamt setzt innerhalb angemessener Zeitabschnitte die Wechselkurse des Euro gegenüber den Währungen anderer Staaten fest, entsprechend den wirtschaftlichen Produktivitätsentwicklungen und im Einvernehmen mit den anderen Währungsämtern bzw. Zentralbanken.

(5) Die nationalen Zentralbanken und die Geschäftsbanken in den Mitgliedsstaaten der Europäischen Union werden in Filialen ersten und zweiten Grades des Europäischen Währungsamtes transformiert.

Alle anderen Staaten und Staatenvereinigungen sind selbstverständlich ebenfalls aufgerufen, ihre Geldkreisläufe zu entstören. Denn nur so kann die Grundlage für eine wirklich freie und soziale Marktwirtschaft (Abb. 52) auf der ganzen Erde geschaffen werden.

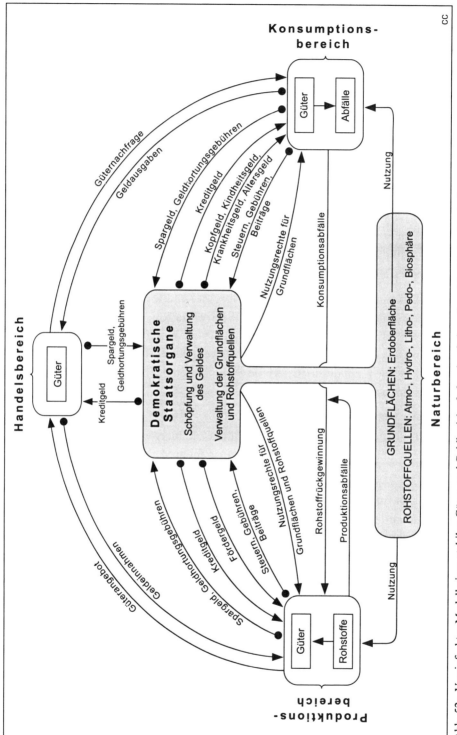

Abb. 52: Vereinfachtes Modell eines stabilen Güter- und Geldkreislaufs für eine freie und soziale Marktwirtschaft
Entwurf: E. GRIMMEL

Nachwort

Es ist nicht zu bestreiten, dass die Zukunftsaussichten der Menschheit außerordentlich trübe sind, wie schon KONRAD LORENZ vor zwei Jahrzehnten zutreffend festgestellt hat (vgl. Vorwort).

Unschwer ist zu erkennen, wie der „Abbau des Menschlichen" immer schneller fortschreitet, wie Solidarität von Rivalität – Neid, Streit, Hass, Terror, Krieg – abgelöst wird, trotz der *Charta der Vereinten Nationen* von 1945 und trotz der *Allgemeinen Erklärung der Menschenrechte* von 1948.

Unschwer ist zu erkennen, dass die meisten Menschen die tieferen Ursachen der globalen Missstände nicht sehen. Aber warum erkennen nicht einmal Wissenschaftler die Notwendigkeit einer Geld-, Grundflächen- und Rohstoffrechtsreform? Sind sie etwa intellektuell überfordert, die Missstände gründlich zu analysieren? Oder befürchten sie persönliche Nachteile von diesen Reformen und verschweigen sie deshalb? Oder ..... ?

Welche Gründe für das Verhalten jedes einzelnen Menschen auch ausschlaggebend sein mögen, niemand kommt letztlich an einer ehrlichen Beantwortung der Frage vorbei, welche Rolle er in seinem Leben im Kreislaufsystem der Geosphären gespielt hat.

„You can fool all the people some of the time,
and some of the people all the time,
but you can not fool all the people all of the time."

ABRAHAM LINCOLN
(1809-1865)

Literatur

ATKINS, P.W. (1984): Schöpfung ohne Schöpfer. Was war vor dem Urknall? – Reinbek (Rowohlt).

BENJES, H. (2003): Wer hat Angst vor Silvio Gesell? Das Ende der Zinswirtschaft bringt Arbeit, Wohlstand und Frieden für alle. – 6. Aufl., Asendorf (Selbstverlag).

BERGER, W. (2002): Business Reframing. Erfolg durch Resonanz. – 3. Aufl., Wiesbaden (Gabler).

BERNER U., STREIF, H. (2000): Klimafakten. Der Rückblick – Ein Schlüssel für die Zukunft. – Stuttgart.

BINN, F.G. (Hrsg.) (1978): Silvio Gesell – Der verkannte Prophet. Ein Beitrag zur Dogmen- und Wirtschaftsgeschichte des 20. Jahrhunderts mit aktuellen Bezügen. – Münden (Gauke).

BINSWANGER, H.-C. (1985): Geld und Magie. Deutung und Kritik der modernen Wirtschaft anhand von Goethes „Faust". – Stuttgart (Weitbrecht).

BINSWANGER, H.-C. (1991): Geld und Natur. Das wirtschaftliche Wachstum im Spannungsfeld zwischen Ökonomie und Ökologie. – Stuttgart (Weitbrecht).

BRESCH, C. (1977): Zwischenstufe Leben. Evolution ohne Ziel? – München (Piper).

BRODBECK, K.-H.: Die fragwürdigen Grundlagen der Ökonomie. Eine philosophische Kritik der modernen Wirtschaftswissenschaften. – Darmstadt (Wiss. Buchgesellschaft).

CHARGAFF, E. (1980): Unbegreifliches Geheimnis. Wissenschaft als Kampf für und gegen die Natur. – Stuttgart (Klett-Cotta).

DEKKERS, M. (1999): An allem nagt der Zahn der Zeit. Vom Reiz der Vergänglichkeit. – München (Blessing).

DITFURTH, H.v. (1993): Wir sind nicht von dieser Welt. Naturwissenschaft, Religion und die Zukunft des Menschen. – 9. Aufl., München (DTV).

EDWARDS, M.R. (Hrsg.) (2002): Pushing Gravity. New Perspectives on Le Sage's Theory of Gravitation. – Montreal (Apeiron).

EIBL-EIBESFELD, I. (1988): Der Mensch – das riskierte Wesen. Zur Naturgeschichte menschlicher Unvernunft. – München (Piper).

EIBL-EIBESFELD, I.: Krieg und Frieden aus der Sicht der Verhaltensforschung. – 4. Aufl., München (Piper).

EINSTEIN, A. (1998): Mein Weltbild. – Berlin (Ullstein).

FRIEDMAN, H. (1987): Die Sonne aus der Perspektive der Erde. – Heidelberg (Spektrum der Wissenschaft).

GASCHKE, S. (2001): Die Erziehungskatastrophe. Kinder brauchen starke Eltern. – 4. Aufl., Stuttgart (DVA).

GEORGE, S. (1988): Sie sterben an unserem Geld. Die Verschuldung der Dritten Welt. – Reinbek (Rowohlt).

GESELL, S. (1916): Die Natürliche Wirtschaftsordnung durch Freiland und Freigeld. – Berlin.

GRIMMEL, E. (1993): Kreisläufe und Kreislaufstörungen der Erde. – Reinbek (Rowohlt).

GRUHL, H. (1975): Ein Planet wird geplündert. Die Schreckensbilanz unserer Politik. – Frankfurt (Fischer).

HILGENBERG, O.C. (1933): Vom wachsenden Erdball. – Berlin (Selbstverlag).

JONAS, H. (1998): Das Prinzip Verantwortung. Versuch einer Ethik für die technologische Zivilisation. – Frankfurt/M. (Suhrkamp).

KAFKA, P. (1994): Gegen den Untergang. Schöpfungsprinzip und globale Beschleunigungskrise. – München, Wien (Hanser).

KASTEN, V. (Hrsg.) (2002): Von der Erde zu den Planeten. Das Sonnensystem. – Heidelberg, Berlin (Spektrum).

KENNEDY, M. (1991): Geld ohne Zinsen und Inflation. Ein Tauschmittel, das jedem dient. – München (Goldmann).

KRAUTH, W., LÜNZER, I. (1982): Öko-Landbau und Welthunger. – Reinbek (Rowohlt).

KÜHN, H. (o.J.): 5000 Jahre Kapitalismus. Prinzip, Entstehung, Folgen eines Ordnungssystems. – Osterode (Selbstverlag).

KUHN, W. (1988): Zwischen Tier und Engel. Die Zerstörung des Menschenbildes durch die Biologie. – Stein (Christiana).

LASZLO, E. (1988): Die inneren Grenzen der Menschheit. - Rosenheim (Horizonte).

LIETAER, B. (1999): Das Geld der Zukunft. Über die destruktive Wirkung des existierenden Geldsystems und die Entwicklung von Komplementärwährungen. – München (Riemann).

LÖHR, D., JENETZKY, J. (1996): Neutrale Liquidität. Zur Theorie und praktischen Umsetzung. – Frankfurt (Lang).

LORENZ, K. (1973): Die acht Todsünden der zivilisierten Menschheit. – München (Piper).

LORENZ, K. (1983): Der Abbau des Menschlichen. – München (Piper).

LOVELOCK, J. (1991): Das Gaia-Prinzip. Die Biographie unseres Planeten. – Zürich (Artemis).

LOVINS, A.B.; LOVINS, L.H. (1983): Atomenergie und Kriegsgefahr. – Reinbek (Rowohlt).

MADURO, R.A.; SCHAUERHAMMER, R. (1992): Ozonloch. Das missbrauchte Naturwunder. – Wiesbaden (Böttiger).

MEADOWS, D. (1972): Die Grenzen des Wachstums. Bericht des Club of Rome zur Lage der Menschheit. – Stuttgart (DVA).

MEYL, K. (1999): Elektromagnetische Umweltverträglichkeit. – Teil 2, Villingen-Schwenningen (INDEL).

MILLER, A. (1980): Am Anfang war Erziehung. – Frankfurt/M. (Suhrkamp).

MOONEY, P.R. (1981): Saat-Multis und Welthunger. Wie die Konzerne die Nahrungsschätze der Welt plündern. – Reinbek (Rowohlt).

MOROWITZ, H.J. (1988): Die Schöpfung ist kein Zufall. Eine Naturgeschichte unseres Planeten. – Düsseldorf (Econ).

OTANI, Y. (1981): Untergang eines Mythos. Kommunismus und Kapitalismus. Freiheits- und Existenzrecht. – Ulm (Arrow).

PETROWITSCH, S. (2004): Die Kraft gelebter Visionen. Mit Liebe und Erfolg zu neuen Perspektiven. – Petersberg (Via Nova).

PFEUFER, J. (1981): Die Gebirgsbildungsprozesse als Folge der Expansion der Erde. – Essen (Glückauf).

REHEIS, F. (2003): Entschleunigung. Abschied vom Turbo-Kapitalismus. – München (Riemann).

SCALERA, G., JACOB, K.-H. (Hrsg.) (2003): Why expanding Earth□?A book in honour of Ott Christoph Hilgenberg. – Rom (INGV Publisher).

SCHNEIDER, W. (1988): Wir Neandertaler. Der abenteuerliche Aufstieg des Menschengeschlechts. – Hamburg (Gruner & Jahr).

SCHUMACHER, E.F. (1977): Die Rückkehr zum menschlichen Maß. – Reinbek (Rowohlt).

SENF, B. (1998): Der Nebel um das Geld. Zinsproblematik, Währungssysteme, Wirtschaftskrisen. – 5. Aufl., Lütjenburg (Gauke).

SENF, B. (2001): Die blinden Flecken der Ökonomie. Wirtschaftstheorien in der Krise. – München (dtv).

SENF, B. (2004): Der Tanz um den Gewinn. Von der Besinnungslosigkeit zur Besinnung der Ökonomie. – Lütjenburg (Gauke).

SHELDRAKE, R. (2003): Sieben Experimente, die die Welt verändern könnten. Anstiftung zur Revolutionierung des wissenschaftlichen Denkens. – Bern (Scherz).

SKINNER, B.J. et al. (1999)□:The Blue Planet. An Introduction to Earth System Science. – New York et al. (Wiley).

SOMMER, V. (1989): Die Affen. Unsere wilde Verwandschaft. – Hamburg (Gruner & Jahr).

STADELMANN, L. (1977): Volkswirtschaft für Anfänger. – Bad Goisern (Neues Leben).

STRAHLER, A.N.; STRAHLER, A.H. (1989): Elements of Physical Geography. – New York (Wiley).

THÜNE, W. (1998): Der Treibhaus-Schwindel. – Saarbrücken (Wirtschaftsverlag Discovery Press).

TOLLMANN, A.; TOLLMANN, E. (1993): Und die Sintflut gab es doch. Vom Mythos zur historischen Wahrheit. – München (Droemer Knaur)

VELIKOWSKY, I. (1978): Welten im Zusammenstoß. – Frankfurt/M. (Umschau).

VESTER, F. (1997): Neuland des Denkens. Vom technokratischen zum kybernetischen Zeitalter. – 11. Aufl., München (DTV).

VESTER, F. (2002): Die Kunst vernetzt zu denken. Ideen und Werkzeuge für einen neuen Umgang mit Komplexität. – München (DTV).

WIRTH, R. (2003): Marktwirtschaft ohne Kapitalismus. Eine Neubewertung der Freiwirtschaftslehre aus wirtschaftsethischer Sicht. – Bern (Haupt).

VOGEL, G. (1990): Aufbruch in eine neue Welt. Die Vergesellschaftung der Existenzmittel Boden und Geld. – Hamburg (Arrow).

WALKER, K. (1959): Das Geld in der Geschichte. – Lauf (Zitzmann).

WUKETITS, F. (2001): Der Affe in uns. Warum die Kultur an unserer Natur zu scheitern droht. – Stuttgart (Hirzel).

ZARLENGA, S. (1999): Der Mythos vom Geld – Die Geschichte der Macht. – Zürich (Conzett).

Abbildungsquellen

ALEXANDER, T.R., FICHTER, G.S. (1977): Leben und Umwelt. Einführung in die Ökologie. – Stuttgart (Dephin).

BLOCK, D. (1993): Astronomic als Hobby. – Niedernhausen (Falken).

BRINKMANN, R., ZEIL, W. (1990): Allgemeine Geologie. – 14. Aufl., Stuttgart (Enke).

BUNDESAMT FÜR STRAHLENSCHUTZ (1990): Fortschreibung des zusammenfassenden Zwischenberichtes über bisherige Ergebnisse der Standortuntersuchung Gorleben vom Mai 1983. – Salzgitter.

CLOOS, H. (1963): Einführung in die Geologie. – Berlin (Bornträger).

DIERCKE WELTATLAS (1996): 4. Aufl., Braunschweig (Westermann).

DÖRHÖFER, G. (1988): Anforderungen an den Deponiestandort als geologische Barriere. – In: Abfallwirtschaft in Forschung und Praxis, 23, S. 165-191, Berlin (E. Schmidt).

GEISS, H., PASCHKE, M. (1979): Die Emission von Radionukliden und ihr Verhalten in der Nahrungskette und im menschlichen Körper. – In: Perspektiven der Kernenergie. Berichte der Kernforschungsanlage Jülich GmbH, Jül-Conf-32, S. 29-39, Jülich.

GERA, F. (1972): Review of salt tectonics in relation to the disposal of radioactive wastes in salt formations. – In: Geol. Soc. America Bull., 83, S. 3551-3574.

HABER, H. (1965): Unser blauer Planet. Die Entwicklungsgeschichte der Erde. – Stuttgart (Deutsche Verlags-Anstalt).

HERRMANN, J. (2000): dtv-Atlas Astronomie. – 14. Aufl., München.

HILDENBRAND, G. (1983): Bedeutung der Entsorgung für die Energieerzeugung. – In: Entsorgung. Berichtsband einer Informationstagung des Deutschen Atomforums e.V., 5./6. Oktober 1982, Hrsg.: Dt. Atomforum e.V., S. 13-63, Bonn.